Michał Gajdzica
Jurij Warecki

Transientes em circuitos de filtros de potência múltiplos

Michał Gajdzica
Jurij Warecki

Transientes em circuitos de filtros de potência múltiplos

ScienciaScripts

Imprint

Cover image: www.ingimage.com

This book is a translation from the original published under ISBN 978-620-2-19993-3.

Publisher:
Sciencia Scripts
is a trademark of
Dodo Books Indian Ocean Ltd. and OmniScriptum S.R.L publishing group

120 High Road, East Finchley, London, N2 9ED, United Kingdom
Str. Armeneasca 28/1, office 1, Chisinau MD-2012, Republic of Moldova, Europe
Printed at: see last page
ISBN: 978-620-8-07220-9

Conteúdo

Prefácio

O impacto crescente das cargas não lineares nos sistemas de energia leva à utilização de filtros de harmónicas como meio de atenuar o problema. Os filtros de harmónicas de alta tensão têm uma vasta aplicação na indústria pesada e mineira, onde os dispositivos electrónicos de potência e os dispositivos de arco elétrico têm um impacto essencial no sistema de alimentação. Atualmente, os fornos de arco são essenciais nas empresas siderúrgicas para a produção de aço de alta qualidade. Neste cenário, os fornos de arco elétrico de corrente alternada são cargas muito importantes e perturbadoras nos sistemas de alimentação.

Os fornos de arco elétrico de corrente alternada são classificados como cargas complexas com caraterísticas de carga não lineares e variáveis no tempo, que podem causar muitos problemas à qualidade do sistema de energia, incluindo quedas de tensão, distorção harmónica, desequilíbrios de cargas e cintilação. A prática de funcionamento de fornos de arco eléctricos de corrente alternada no fornecimento de energia industrial mostrou que o equipamento instalado nos sistemas é afetado por sobretensões e sobrecorrentes através da comutação normal do transformador do forno de arco. As alterações do consumo de eletricidade durante o processo de fusão dependem principalmente da qualidade do material, da precisão dos circuitos de controlo e também dos processos térmicos. Dados estatísticos informam que o número de energizações de transformadores ocorre 20 a 40 vezes por dia [1], [2]. O processo típico do ciclo de produção de aço num forno elétrico de arco inclui - período de ignição do arco (início da alimentação eléctrica), - período de perfuração, - período de formação do metal fundido, - período de fusão principal, - período de fusão, - período de aquecimento da fusão.

Cada um dos ciclos é caracterizado pelas alterações de potência ativa e pelo número de comutações necessárias, com uma tendência para a diminuição e estabilização dos processos nos últimos ciclos. O primeiro período, durante a formação do metal, é caracterizado pelo maior consumo de energia e por 60-80% do consumo total de energia num ciclo tecnológico. Nos períodos seguintes, há uma menor flutuação de potência causada pela estabilização do arco. Para garantir a compatibilidade electromagnética do forno elétrico de arco de corrente alternada com os sistemas de alimentação, existem muitas soluções técnicas. A melhoria mais eficaz da qualidade da energia baseia-se na instalação de SVC [3], [4]. O grupo de tiristores-reactores SVC controlados com precisão no tempo permite realizar a compensação da potência reactiva variável no tempo, o equilíbrio das fases da tensão e da corrente e a redução das flutuações da tensão. Além disso, são utilizados filtros de harmónicas como fonte de potência capacitiva na unidade SVC para reduzir a distorção da tensão na rede de alimentação.

A aplicação de múltiplos circuitos de filtragem de alta tensão com sintonização única em sistemas de alimentação aumentou rapidamente na última década. Esta tendência está associada ao aumento da utilização de dispositivos de comutação eletrónica de potência em sistemas de transmissão e de energia industrial e de dispositivos de arco elétrico em instalações industriais. Os serviços públicos que são alimentados por estes sistemas tornaram-se mais sensíveis aos harmónicos gerados por estas cargas. Consequentemente, isto provoca um aumento da complexidade do projeto de filtros com múltiplos circuitos de filtragem sintonizados em diferentes frequências, de modo a atingir um nível adequado de distorção harmónica, que satisfaça normas como as da ANSI/IEEE [5], [6].

Hoje em dia, muitos bancos de filtros são concebidos principalmente para limitar a distorção harmónica a um nível especificado e fornecer a potência reactiva adequada. As classificações dos componentes são frequentemente especificadas com base apenas no funcionamento em estado estacionário e nas tensões e correntes harmónicas fundamentais. Nesse caso, nos circuitos de filtragem que envolvem unidades sintonizadas individuais, também são tidas em conta as variações da capacitância e da indutância do filtro como efeito das condições ambientais e das tolerâncias de fabrico. Na prática, assume-se que um ponto de ressonância do filtro h_r deve ser escolhido *2...10%* abaixo da frequência de ressonância exacta h do filtro [7]. Embora isto possa ser aplicável e seja verificado em aplicações de um único ramo. O método discutido não é correto e adequado para componentes instalados em circuitos de filtros múltiplos e complexos. Nestas aplicações podem ocorrer falhas de isolamento durante as operações de comutação. Essa falha aplica-se aos condensadores e reactores dos mesmos bancos. Infelizmente, circunstâncias semelhantes e transientes de comutação ocorrem em todas as operações de comutação [8].

A falha de filtros causada por transientes de comutação é observada frequentemente em sistemas de fornecimento de energia, por exemplo, onde estão instalados AC-EAF. A prática de operação de AC-EAF tem mostrado que a energização do transformador do forno sem carga pode causar transientes de longa duração nos circuitos de filtro do SVC usado nos sistemas de alimentação [2], [9]. Os equipamentos instalados nos sistemas são afectados por sobretensões e sobrecorrentes através da comutação normal do transformador do forno de arco de operação. Se este fenómeno ocorrer 25 a 50 vezes por dia, os condensadores e reactores de filtragem podem não ser capazes de suportar estas sobretensões durante um período de tempo prolongado. Isto pode reduzir o tempo de vida dos condensadores e reactores e levar a eventuais falhas. Foi referido em [10] que a duração dos transientes e o número de ocorrências são factores importantes que influenciam significativamente o projeto dos circuitos de filtragem.

Este livro apresenta preocupações com transientes em Circuitos de Filtro SVC num sistema típico de alimentação de fornos de arco quando se energiza o transformador do forno sem carga e se comutam os ramos dos Circuitos de Filtro. O manuscrito propõe um método para o projeto de filtros envolvendo múltiplos filtros sintonizados simples. O método proposto para a seleção das classificações do equipamento FC baseia-se nas normas IEEE existentes e em dados de simulação de tensões e correntes transitórias nos condensadores e reactores do filtro.

Todos os transientes de comutação foram simulados num sistema de alimentação típico cujo circuito de filtragem está equipado com: 1) três filtros passivos mono sintonizados e 2) dois filtros mono sintonizados e um filtro tipo C de 2nd harmónicas. Para analisar este fenómeno, foi utilizado o software Matlab/Simulink [11].

1 Introdução

1.1. Compensação de potência reactiva de cargas industriais

O número crescente de cargas industriais perturbadoras [12], que se caracterizam por correntes variáveis no tempo, assimétricas e não sinusoidais, deteriora significativamente a qualidade da energia e aumenta as perdas de potência ativa nos sistemas de alimentação. A maior parte delas tem caraterísticas não lineares de tensão-corrente, especialmente: fornos eléctricos de arco (EAF), precipitadores electrostáticos (ESP), soldadores de arco, laminadores, motores de velocidade ajustável (ASD) têm cargas variáveis estocásticas com um consumo significativo de energia reactiva e têm geração de harmónicas que inclui harmónicas pares e ímpares desequilibradas durante o funcionamento normal. Além disso, estas cargas também aumentam significativamente o fator de potência total do sistema de energia, o que pode resultar em penalizações por exceder o consumo de potência reactiva. Estes efeitos exigem a utilização de equipamento moderno para controlar a tensão, compensar a potência reactiva e filtrar as harmónicas de corrente e tensão. Os SVC são os mais frequentemente utilizados para o controlo da potência reactiva nestes sistemas de alimentação. Este tipo de unidades, em comparação com as outras soluções, caracteriza-se por uma vasta gama de caraterísticas dinâmicas [4], [13]. Estas unidades permitem limitar os efeitos da flutuação de correntes não sinusoidais e assimétricas no sistema de alimentação. Atualmente, existem alguns sistemas e técnicas avançadas de eletrónica de potência, tais como: compensação do fluxo magnético, injeção de corrente harmónica para reduzir a distorção harmónica e problemas de compensação da potência reactiva em sistemas industriais [12]. No entanto, estas técnicas são complexas e demasiado dispendiosas, pelo que não podem competir com as aplicações de bancos de condensadores de potência e filtros passivos de harmónicas atualmente utilizadas. Na prática, os mais utilizados são os filtros de harmónicas com sintonização simples e os filtros do tipo C.

A topologia dos filtros de harmónicas depende da configuração da rede de alimentação e pode ser utilizada em ligação em estrela ou em delta. No caso da ligação em triângulo, durante o funcionamento normal, os ramos do filtro estão sob tensão nominal fase-fase. Consequentemente, os elementos de filtragem, tais como reactores e bancos de condensadores, devem ser concebidos com uma classe de isolamento mais elevada, o que, especialmente em tensões médias, aumenta os custos totais do circuito de filtragem (CF). No entanto, este tipo de configuração de filtro pode ser utilizado normalmente em unidades de baixa tensão. Além disso, a desvantagem da solução apresentada é também a impossibilidade de filtrar os harmónicos triplos, que se relacionam principalmente com o terceiro harmónico.

No caso de uma ligação em estrela, a tensão de fase em FC depende principalmente da capacitância e da indutância de cada ramo individual. Para garantir o funcionamento sem falhas do sistema de filtragem, é necessária a simetria das baterias de condensadores e dos reactores. Um papel importante nos CF trifásicos em configuração de ligações em estrela é a ordem de ligação do condensador e do reator em relação aos barramentos do sistema de potência. A disposição das ligações das baterias de condensadores e do reator em relação aos barramentos do sistema de alimentação tem um efeito sobre os níveis de tensão no condensador e no reator em relação ao ponto neutro do sistema [14]. Quando os terminais do condensador estão ligados em estrela, o isolamento do condensador está sob uma tensão *Uc* mais elevada do que a tensão de fase nominal no sistema de alimentação eléctrica:

$$U_C = \frac{h_r^2}{h_r^2 - 1} \cdot \frac{U_{bus}}{\sqrt{3}} \tag{1.1}$$

onde:

U_{bus} - Tensão RMS linha a linha do barramento;

h_r - a frequência de ressonância para a qual a unidade de filtragem está sintonizada.

Na maioria dos casos, para o sistema elétrico que alimenta as potentes cargas perturbadoras, são necessários múltiplos CF. Muitas vezes, o espetro de corrente harmónica gerado na rede eléctrica exige a instalação de vários ramos de filtragem sintonizados no CF para satisfazer os requisitos de atenuação de harmónicas [8], [10],

[15]. A topologia mais utilizada nas redes industriais é o filtro passivo de harmónicas de ramo único. Raramente, mas principalmente para sistemas de tirístores de alta potência, são instalados dois filtros de harmónicas passivos de sintonia simples: 5th e 7th harmónicas de ordem. Nesse caso, os critérios importantes são: custos, perdas, dimensões e distribuição de potência reactiva entre ramos individuais no FC. De acordo com os requisitos e normas adoptados, são instalados outros ramos ou unidades de filtros passivos de harmónicas.

No caso das unidades de filtragem de harmónicas múltiplas utilizadas nas redes eléctricas industriais, cada um dos ramos do filtro é sintonizado na frequência de ressonância necessária [14], [16], [17]. As sequências corretas de ligação e desligamento dos ramos do filtro desempenham um papel importante no funcionamento do FC múltiplo. A questão discutida tem um papel essencial devido à operação de comutação do filtro na rede eléctrica, bem como em caso de falha do ramo do filtro de múltiplos CF [18]. Por conseguinte, durante uma falha do sistema de alimentação eléctrica ou em caso de desligamento tecnológico de múltiplos CF, é necessário desligar todos os filtros harmónicos que estão sintonizados acima das frequências para as quais está sintonizado o ramo em falha. No entanto, em caso de ligação tecnológica, a operação deve ser realizada das unidades de filtro de harmónicas inferiores para as superiores, por exemplo: para 3rd e 5th unidades de harmónicas, o filtro de harmónicas 3rd deve ser ligado antes do filtro de harmónicas 5th e desligado após a unidade 5th . Uma sequência incorrecta, devido à elevada energia armazenada nos elementos de filtragem, pode causar sobretensões descontroladas, caracterizadas por uma elevada amplitude, que podem resultar na avaria dos elementos de filtragem e dos outros equipamentos de controlo e comutação. Devido à seleção dos parâmetros do filtro e à conceção da topologia do FC múltiplo, que deve funcionar em condições transitórias, estão incluídas as condições de harmónicas totais e a compensação da potência reactiva sob carga máxima do sistema de alimentação eléctrica.

Os filtros passivos de harmónicas são descritos pelo fator de qualidade q, que define as perdas de potência nas unidades de filtragem. Quanto maior for o valor, menor é a impedância do filtro de frequência ressonante. A impedância do filtro determina a qualidade da filtragem de harmónicas no sistema de alimentação eléctrica. Por conseguinte, para garantir os parâmetros de filtragem adequados e pertinentes, a curva frequência-impedância deve ser descendente. O valor do fator de qualidade do filtro é determinado pelo fator de qualidade do reator e depende da indutância X_L e da resistência R_L do reator:

$$q_L = \frac{X_L}{R_L} \tag{1.2}$$

O rácio X/R para o indutor é tipicamente da ordem dos 100 - 150 em comparação com rácios de 5 a 30 para o sistema de potência como um todo. Por conseguinte, o amortecimento global do circuito é significativamente reduzido em relação ao de um circuito de condensador de derivação e o transitório desaparece mais lentamente. A longa duração e a baixa frequência podem significar um aumento da tensão sobre as unidades de condensadores e reactores.

O fator de qualidade de filtragem típico q para as reactâncias de núcleo de ar, que são concebidas para níveis de baixa tensão até 1 kV, situa-se tipicamente na gama de 40 - 60 e para as reactâncias de núcleo de ar de tipo seco, para todos os níveis de tensão de distribuição de 1 kV para cima, situa-se na gama de 60 - 150. Por conseguinte, a corrente transitória, que oscila entre os filtros ligeiramente amortecidos (X/R > 100), pode ser muito mais elevada do que o previsto, e o amortecimento global do sistema industrial de energia é principalmente reduzido em relação ao de um circuito de baterias de condensadores. Assim, a proteção típica contra sobretensões, como os descarregadores de sobretensões instalados no barramento de média tensão, pode ser inadequada, a menos que os componentes individuais do filtro sejam especialmente classificados para suportar o esforço adicional. O resultado também é aumentado pela duração dos transientes e pelo número de suas repetições.

O aumento da resistência do filtro (que resulta em perdas adicionais de energia e aumento dos custos operacionais) leva a uma melhoria do amortecimento dos transitórios que ocorrem durante as perturbações do sistema de alimentação eléctrica.

No entanto, o valor da resistência do filtro pode ser deliberadamente configurado, por exemplo, para alargar a frequência da banda passante nos CF, mas este efeito provoca o aumento das perdas de potência observadas nas redes eléctricas.

1.2. Transientes em filtros de potência

As oscilações transitórias nos sistemas de alimentação eléctrica industrial e na rede de transporte são causadas por operações de comutação normais e podem também ser geradas devido a situações de emergência, como falhas no sistema ou curto-circuitos. Em ambos os casos, a principal razão deste fenómeno são as sobretensões e sobrecorrentes dinâmicas geradas devido a um certo número de ciclos de comutação, cuja amplitude excede significativamente os parâmetros nominais da unidade de compensação em funcionamento. Consequentemente, esta situação pode provocar tensões graves no isolamento dos componentes e falhas no equipamento elétrico, que conduzem a avarias permanentes no equipamento do sistema, a dispositivos de paragem e mesmo a séries de dispositivos. Este facto pode gerar custos associados a perdas de produção.

A prática de operar múltiplos filtros sintonizados simples e a frequente energização de transformadores sem carga em sistemas de alimentação de cargas perturbadoras industriais pode causar danos nos reactores de filtragem e nos bancos de condensadores. Nestas aplicações, podem ocorrer sobrecorrentes e sobretensões transitórias e dinâmicas durante as operações de comutação, cuja amplitude excede significativamente os parâmetros nominais da unidade de compensação em funcionamento. A energização de um condensador e de um indutor, combinados como um único filtro sintonizado, também resultará numa tensão duas vezes superior à tensão que normalmente aparece através do condensador.

Observa-se um caso semelhante devido à desativação do filtro, com uma grande quantidade de harmónicas. As correntes de pico nos filtros são algumas vezes superiores aos níveis de estado estacionário. Pode reacender-se entre os contactos do disjuntor e produzir tensões e correntes transitórias de amplitude significativamente superior às que ocorrem durante o fecho. Uma vez que podem ocorrer reacendimentos, quando existe uma carga remanescente nos bancos de condensadores dos filtros, é possível que os reacendimentos gerem sobretensões transitórias de amplitude muito superior às que ocorrem no fecho. Sob distorção de tensão e restrição durante a abertura do disjuntor, as tensões de pico transitórias nos elementos de filtragem são algumas vezes superiores aos níveis de estado estacionário e podem resultar em sobretensões elevadas ao longo da unidade de filtragem. Como consequência deste fenómeno, pode ocorrer a avaria das unidades de compensação.

Na prática, as operações mais comuns em sistemas de fornecimento de energia com cargas perturbadoras são: energização de transformadores e comutação de ramos de filtros harmónicos sintonizados simples em múltiplos FCs. Estes tipos de comutação podem ocorrer muitas vezes por dia e causar reignição de corrente entre os contactos dos disjuntores.

É de notar que todas as operações acima referidas são caracterizadas por factores de desclassificação admissíveis de tensões e correntes que se referem a reactores de núcleo de ar de filtro e bancos de condensadores. Os factores de redução são baseados nas normas ANSI/IEEE existentes: Std. C57.16™ - 2011, Std. 18TM - 2012 e na duração apropriada da condição transitória - significativamente dependente da duração do transiente em circuitos ou redes de fornecimento de energia. Para sobretensões dinâmicas de longa duração (segundos), como a energização do transformador, o fator de desclassificação é menor do que para transientes de energização de curta duração ou ocorrências infrequentes de restrike. Os fatores de desclassificação apresentados na Tabela 1.1 são *"uma regra prática"* para a seleção de equipamentos de filtragem considerando: amplitudes de tensão e corrente transitórias, duração das oscilações e seus números de ocorrência. Comparados os valores nominais RMS para condições transitórias e de estado estacionário, o valor mais elevado entre si deve ser selecionado para a especificação do reator e do condensador.

Tabela 1.1: Factores de desclassificação típicos do Filtro Reator e do Banco de Condensadores em situações de comutação

Operação de comutação	Filtro Reactores de núcleo de ar	Bancos de condensadores de filtro

	Fator de derivação da sobreintensidade, *b*	Fator de derivação da sobretensão, *a*	Fator de derivação da sobretensão, *d*
Energização do transformador (Transiente) (ocorre entre 1000 a 30.000 vezes/ano)	3.0	1.5	2.5
Transiente de Energização do Banco, Transiente de Energização do Filtro Harmónico (ocorre entre 10 a 1000 vezes/ano)	2.0	2.0	1.4
Rearranque Transitório (ocorre < ou = 10 vezes/ano)	1.5	2.0	3.0

Deve ser enfatizado que as tensões reais permitidas e, portanto, os factores de redução dependem da duração. No entanto, a duração para diferentes aplicações pode variar significativamente. O ponto principal a ser enfatizado é que as condições de transientes precisam ser consideradas na determinação das classificações do equipamento.

Os resultados da investigação mostram que, para definir o efeito de eventos de comutação típicos que ocorrem em sistemas de energia em unidades de compensação e indicar quais destas operações são as mais perigosas, deve ser efectuado o estudo de simulação.

1.3. Métodos de análise de transientes

O estudo da análise de transitórios em sistemas de alimentação eléctrica com cargas industriais perturbadoras baseia-se em investigações experimentais e testes de simulação. O primeiro deles pode levar a grandes despesas financeiras e consumir muito tempo. Inclui o risco de falhas de isolamento de componentes e equipamentos eléctricos e exige a utilização de desvios técnicos em relação às normas. Alguns deles são perigosos para as aplicações da eletrónica de potência e dos dispositivos ou mesmo impossíveis de realizar. A segunda análise do sistema de alimentação eléctrica utiliza o método complexo de modelização matemática e de simulações em computador, baseando-se em modelos de objectos examinados que dão a descrição matemática de fenómenos físicos selecionados. Assim, os resultados da simulação de transientes tornam-se muitas vezes a investigação fundamental que constitui os dados de entrada para a análise e conceção de dispositivos e equipamentos eléctricos. A modelização de processos transitórios exige a utilização de modelos eléctricos que incluam fenómenos transitórios gerados em sistemas de energia industriais.

O espaço temporal é também vulgarmente designado por *análise transitória*, que é uma representação gráfica simples dos dispositivos do circuito e das suas caraterísticas dinâmicas. O modelo dinâmico de um dispositivo elétrico baseia-se numa equação diferencial (geralmente uma equação diferencial ordinária - EDO) em que a variável independente é o tempo. Uma função que resolve essa equação para uma determinada extorsão e condições iniciais especificadas é seguida pela caraterística de tempo requerida. Durante a análise, a resposta temporal do sistema é calculada a partir de t = 0 s até o valor dado. As condições iniciais são determinadas na *análise DC*, para a suposição de que no momento t = 0 s, o circuito analisado estava em estado estacionário.

A análise transitória é uma das análises paramétricas que permitem repetir a simulação para valores variáveis de parâmetros selecionados dos circuitos, por exemplo: resistência, capacitância e também para o sinal que é um fator externo no circuito, ou seja: corrente, tensão, etc. Como resultado destas análises, obtêm-se as caraterísticas essenciais que determinam o valor ótimo dos parâmetros para os circuitos concebidos ou estudados em condições transitórias.

As simulações de transitórios que são apresentadas nesse livro foram efectuadas com base em modelos desenvolvidos de componentes não lineares em sistemas de alimentação, incluindo: transformadores, bancos de condensadores, condensadores shunt, reactores de núcleo de ar, compensador shunt com unidades FC que foram implementados pelos autores no software Matlab/Simulink. O programa foi escolhido porque existem limitações conhecidas nos ensaios preenchidos no que diz respeito às condições do circuito e ao número de vezes que o ensaio pode ser efectuado. Além disso, as funções e algoritmos disponíveis no software permitem efetuar análises detalhadas e observações de transitórios simples e complexos, que são difíceis de observar durante os ensaios experimentais em sistemas de alimentação.

1.4. Resumo do livro

O livro que se segue está dividido em 5 capítulos:

- Capítulo 1: descreve as perturbações de correntes, tensões e parâmetros de qualidade da energia eléctrica geradas num sistema de alimentação industrial típico que funciona com cargas perturbadoras. Caracteriza os transientes que ocorrem em todas as unidades FC e informa sobre os métodos da sua análise.

- Capítulo 2: descreve os métodos de processamento digital de sinais no software Matlab/Simulink. Este capítulo apresenta a implementação de todos os dispositivos e equipamentos eléctricos na rede industrial analisada, tais como: fonte de alimentação, sistema e transformador de arco, disjuntores e compensador shunt de potência reactiva que se baseia em unidades TCR (Thyristor Controlled Reator) e FC.

- Capítulo 3: descreve os resultados da análise, em regime estacionário e dinâmico, durante alguns tipos de eventos de comutação que causam oscilações transitórias e sobretensões e sobretensões dinâmicas, tais como: energização de transformadores de arco, comutação de FCs e abertura de disjuntores de filtros de harmónicas devido à abertura de disjuntores em ramos simples e múltiplos de unidades de FC. O capítulo determina ainda os efeitos do filtro tipo C operado com filtros de harmónicas passivos mono sintonizados LC na duração dos transitórios e nas amplitudes dos picos de tensão e corrente.

- O capítulo 4: Utilização das normas ANSI/IEEE descreve as selecções de valores nominais para bancos de condensadores e reactores de núcleo de ar de unidades LC e amortecidas que podem ser utilizadas em unidades FC simples ou múltiplas. Foi apresentada a comparação dos parâmetros dos reactores de filtro e das baterias de condensadores com base em operações em estado estacionário e transiente.

- Capítulo 5: apresenta as conclusões e ilumina os fenómenos que ocorreram devido a operações transitórias, em ramos simples e múltiplos de FCs que foram implementados em sistemas de energia industriais.

2 Modelação do sistema de alimentação eléctrica

2.1. Ambiente de modelação

A simulação de transitórios e circuitos eléctricos com uma grande quantidade de harmónicos de corrente em sistemas de alimentação compensados foi analisada no software Matlab/Simulink [19]. O programa digital possui bibliotecas profissionais de procedimentos adicionais, que permitem resolver problemas numéricos típicos e é amplamente utilizado em diferentes campos de estudo e numa vasta gama de aplicações.

A parte integrada do software é um ambiente de computação numérica multiparadigma e uma linguagem de programação de alto desempenho que permite implementar algoritmos numéricos com um elevado nível de complexidade. O Matlab permite a manipulação de matrizes, a representação gráfica de funções e dados, a implementação de algoritmos, a criação de interfaces de utilizador e a interface com programas escritos noutras linguagens. A aplicação pode ser utilizada para realizar testes, para operar e programar dispositivos e equipamentos eléctricos, etc. As vantagens adicionais do Matlab são a capacidade de efetuar cálculos simbólicos e implementar funções, que podem ser facilmente alargadas. Este tipo de funcionalidades alarga geralmente o leque de aplicações. Estas bibliotecas do Matlab são designadas por *caixas de ferramentas* e permitem calcular os resultados dos dados de formas completamente diferentes. Cada caixa de ferramentas é parte integrante do software Matlab e, através de bibliotecas e funções, permite resolver uma série de problemas numéricos e pode ser utilizada numa grande variedade de aplicações.

Uma parte integrante do software Matlab é o Simulink, que suporta a simulação, a geração automática de código e o teste contínuo com verificação de sistemas incorporados. É utilizado principalmente como ambiente gráfico para a modelação de circuitos de modelos dinâmicos contínuos, discretos e híbridos. À semelhança do Matlab, o Simulink expande bibliotecas adicionais, as bibliotecas blockset. A mais relevante neste livro é a biblioteca *SimPowerSystems* [20], que permite modelar e simular até os circuitos eléctricos mais complexos.

A ocorrência de transitórios está relacionada com as alterações do campo magnético e elétrico e com a energia armazenada nos componentes, tais como L, M e C. Devido às operações de comutação nos sistemas de alimentação industrial modelados, são incluídas: capacitâncias dispersas, modelo de disjuntor concebido e unidade SVC para parâmetros e transitórios do sistema de alimentação implementado: Devido às operações de comutação em sistemas de alimentação industrial modelados, estão incluídos: as capacitâncias parasitas, o modelo de disjuntor projetado e a unidade SVC para parâmetros e transientes do sistema de energia implementado. A análise de transitórios em circuitos eléctricos, onde se encontram alguns dos tipos de operações de comutação, é realizada nas três etapas seguintes:

- **primeiro passo** - devido à compilação, são criadas as equações diferenciais e integrais que descrevem os circuitos eléctricos com base nas leis de Kirchhoff,
- **segunda etapa** - ter em conta as condições e os tempos das operações de comutação, os elementos dos circuitos, etc,
- **terceira etapa** - resolver as equações diferenciais (EDO's) obtidas utilizando os métodos declarados e o algoritmo integral.

O software Matlab oferece funções que resolvem o problema inicial das Equações Diferenciais Ordinárias (EDO's) - *solvers*. A precisão depende do método - função que é utilizado nos cálculos numéricos. Alguns deles são implementados para resolver problemas não rígidos ou são estritamente dedicados a problemas rígidos [19].

Neste caso, durante a modelação de operações de comutação transitórias que causam altas frequências e grandes diferenças de constante de tempo, são utilizados os algoritmos para resolver problemas de rigidez, tais como: *ode23t* e *ode23tb* [19]. Em comparação com os solucionadores implementados em Matlab, que são dedicados exclusivamente a problemas não rígidos, as funções matemáticas apresentadas têm um carácter extrapolado.

O passo mais pequeno e a amostragem reduzem o tempo, aumentam a exatidão e eliminam os erros nos cálculos numéricos. As funções utilizadas informam que, no primeiro caso, os métodos de um passo e as regras trapezoidais utilizadas para resolver os dados das equações diferenciais são calculados num tempo mais curto, o que tem uma influência negativa na extrapolação dos dados. A utilização da função *ode23tb*, que é dividida em duas fases de cálculo, permite uma precisão muito maior dos valores calculados. Isto faz com que a duração do procedimento numérico seja mais longa.

Os modelos matemáticos de sistemas de energia implementados constituem uma ferramenta universal para a análise de circuitos devido a alterações de configuração planeadas ou em resultado das operações de proteção automática da engenharia de energia eléctrica.

2.2. Componentes do sistema de alimentação eléctrica

Foi efectuada uma implementação de modelos e circuitos eléctricos no software Matlab/Simulink no modelo principal e geral do sistema de alimentação simulado.

2.2.1. Fonte de alimentação

Todos os circuitos implementados foram alimentados por uma fonte de tensão trifásica e controlada. A fonte de alimentação foi retirada da biblioteca *SimPowerSystem*, dos blocos Electrical Sources. O bloco Fonte de Tensão Controlada permitiu declarar diferentes simulações de transitórios, por exemplo: quedas de tensão, flutuações ou variações de parâmetros de tensão (tais como: amplitude, fase e frequência). Além disso, há a possibilidade de definir o espetro de tensões harmónicas nos sistemas de energia analisados [21].

2.2.2. Sistema e transformadores de arco

As simulações de transitórios em redes de alimentação com transformador industrial de arco ligado ao barramento e a sua influência nos isolamentos dos dispositivos, componentes eléctricos e equipamentos requerem a utilização de vários modelos de transformadores [22]. Alguns deles incluem os fenómenos internos que ocorrem na unidade e baseiam-se em dados nominais que permitem implementar modelos de dispositivos com qualquer necessidade e realizar pesquisas e medições adicionais, para definir um modelo apropriado.

Em análise geral, durante a implementação dos circuitos industriais, foi escolhido o modelo do bloco Transformador Saturável de dois enrolamentos e três fases da biblioteca *SimPowerSystems*, da Electrical Elements [21]. Os parâmetros do bloco Transformador Saturável são definidos pelos dados nominais dos transformadores industriais. O modelo tem em conta a resistência do enrolamento e a indutância de fuga, bem como a caraterística de magnetização do núcleo, que é modelada por uma resistência de magnetização *Rm* que simula as perdas activas do núcleo e uma indutância saturável L_{sat}. O modelo Simulink do transformador permite escolher uma das seguintes opções para a modelação da caraterística não linear fluxo-corrente: modelar a histerese e a saturação (em que as perdas por correntes de Foucault no núcleo são modeladas por uma resistência linear, R_m) e modelar a saturação sem histerese (em que as perdas totais no ferro: correntes de Foucault com histerese são modeladas por uma resistência linear, R_m). Nesse caso, a especificação da histerese é feita através do *ficheiro Mat de histerese* que apresenta as caraterísticas do material magnético e os valores de fluxo magnético - *Initial fluxe* implementados de cada membro do transformador: Ψ_{0A}, Ψ_{0B}, $\Psi 0C$. Quando a histerese não é modelada, a caraterística de saturação do bloco Transformador Saturável é definida por uma relação linear por partes entre o fluxo e a corrente de magnetização: $\Psi = f(i)$. A curva de magnetização do núcleo do transformador, durante o processo de energização da unidade trifásica no barramento do sistema de potência, é apresentada na Figura 2.1.

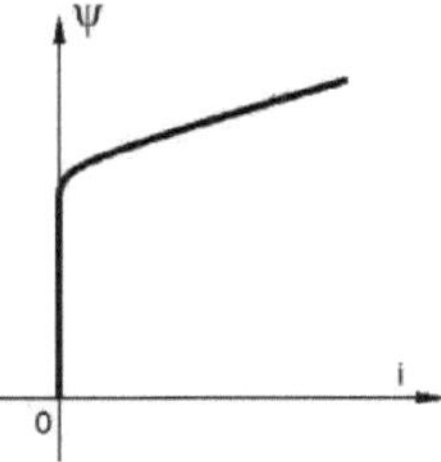

Figura 2.1. Curva de magnetização do núcleo do transformador

A principal e básica diferença entre o transformador de arco e o transformador de potência típico é que o primeiro tem geralmente muito mais mudanças de tap no lado de baixa tensão (enrolamentos primários) e as baixas tensões secundárias com as suas altas correntes [2], [7]. Uma gama mínima de derivações significa um transformador de tamanho mínimo. O enrolamento de baixa tensão deve ser subdividido em várias bobinas múltiplas, e os cabos de ligação das bobinas devem ser dispostos de modo a que a reactância de cada uma seja substancialmente a mesma. A tensão secundária mais elevada determina o tamanho do núcleo e a mais baixa determina o total de espiras primárias. Por conseguinte, a gama de tensão secundária tem um grande efeito no peso total e no custo do transformador de arco. Além disso, os transformadores de potência são utilizados na rede de transmissão de tensões mais elevadas para aplicações de subida e descida de tensão, tais como 400 kV, 200 kV, 110 kV, 66 kV, 33 kV e são normalmente classificados acima de 200 MVA. O transformador para fornos de corrente alternada foi concebido para suportar curtos-circuitos frequentes no lado secundário, sobrecargas momentâneas bastante graves por dia, o que era normal durante o funcionamento do forno de arco. A fiabilidade do funcionamento industrial depende totalmente da qualidade e da fiabilidade dos transformadores dos FEA, muitos dos quais têm uma potência nominal superior a 100 MVA.

Normalmente, o transformador de potência é utilizado para fins de transmissão em carga pesada, alta tensão superior a 33 kV e 100 % de eficiência na estação de produção e na subestação de transmissão com um elevado nível de isolamento. No entanto, o transformador de arco é concebido para ser utilizado com fornos de arco elétrico de corrente alternada e a tecnologia metalúrgica exige o funcionamento mais eficiente e uma tensão de alimentação variável para o ciclo de carga do processo. Outra diferença importante é que, enquanto o transformador de potência habitual deve fornecer energia no ponto de utilização a uma tensão substancialmente constante, muitos fornos eléctricos exigem que, para um funcionamento mais eficiente, seja fornecida uma tensão definitivamente variável durante o ciclo de carga. O transformador do forno utiliza um secundário em delta, enquanto o primário pode ser ligado em delta ou em estrela através de um interrutor interno.

2.2.3. Disjuntor

Os disjuntores desempenham um papel importante nos sistemas de transmissão e de distribuição. Devem eliminar os defeitos (funcionamento das correntes de curto-circuito) e isolar as secções em falta de forma rápida e clara. São também utilizados para a comutação de cargas normais (funcionamento das correntes activas e passivas) [23], [24]. Qualquer disjuntor concebido deve satisfazer os requisitos de interrupção térmica, interromper a corrente natural zero e suportar as tensões dieléctricas causadas durante a interrupção. Consoante o meio de extinção utilizado, os disjuntores classificam-se em: disjuntores a óleo, a jato de ar, a vácuo e a SF6.

Os interruptores de contacto são caracterizados por determinados valores eléctricos e mecânicos [23], [24]. A precisão das suas condições permite uma seleção adequada das condições de funcionamento que ocorrem ou podem ocorrer no sistema de energia. A implementação do disjuntor desenvolvido utiliza a nova construção de divisor de arco (extintor) e sistema de acionamento, que estão equipados com sensores para registar parâmetros e determinar as suas caraterísticas de funcionamento.

Para a análise de transitórios que são estudados nas redes eléctricas analisadas com um grande número de harmónicas de corrente, foi utilizado o modelo de disjuntor trifásico. A unidade foi escolhida a partir da biblioteca do Matlab/Simulink, *SimPowerSystems* [20].

O modelo de disjuntor implementado inclui o ramo adicional de resistência de contacto Ron(s) em paralelo para ter em conta a resistência *Rp* e a capacitância Cp do snubber de abertura do intervalo de contacto. Os valores dos parâmetros deste ramo RLC geralmente adoptados na literatura são: Ron(s)=10 mΩ, Rp=80 kΩ e Cp=10^{10} pF. O ramo paralelo é utilizado para representar a corrente pós-zero, que é normalmente de alguns amperes, devido aos iões remanescentes na lacuna e à corrente de deslocamento *dq/dt*. A sua amplitude de pico depende do declive da corrente antes da corrente zero. As simulações foram efectuadas utilizando o modelo discreto e contínuo do disjuntor.

De facto, logo após a interrupção da corrente, a tensão de recuperação através dos terminais do interrutor junta-se à tensão da rede, que está no seu máximo neste momento para os circuitos reactivos. Isto ocorre sem uma descontinuidade abrupta devido às capacitâncias parasitas da rede. Cria-se um estado instável enquanto a tensão regressa à tensão da rede. Esta tensão, denominada *tensão de recuperação transitória* (TRV), depende das caraterísticas da rede e a taxa de aumento (*dv/dt*) desta tensão pode ser considerável (vários kV /microssegundo). Simplificando, isto significa que, para evitar uma falha de rutura, o interrutor ideal deve ser capaz de suportar vários kV menos de um microssegundo após a transição do condutor para o isolador.

A interrupção de correntes indutivas pode dar origem a sobretensões causadas pela interrupção prematura da corrente, também conhecida como fenómeno *de "corte de corrente"*. Para correntes indutivas baixas (de alguns amperes a algumas dezenas de amperes), a capacidade de arrefecimento dos dispositivos dimensionados para a corrente de curto-circuito é muito maior em relação à energia dissipada no arco. Isto leva à instabilidade do arco e ocorre um fenómeno de oscilação que é "visto" pelo dispositivo de corte e pelas indutâncias. Durante esta oscilação de alta frequência (cerca de 1 MHz), é possível passar a corrente a zero e o disjuntor pode interromper a corrente antes de esta passar ao seu zero natural na frequência industrial (50 Hz). Este fenómeno, denominado "*corte de corrente*", é acompanhado de uma sobretensão transitória devida principalmente ao estado oscilatório que se instala do lado da carga.

Outro fenómeno pode conduzir a sobretensões elevadas. Trata-se do *reacendimento* durante a abertura. De um modo geral, o reacendimento é inevitável durante os períodos curtos de arco, uma vez que a distância entre contactos não é suficiente para suportar a tensão que aparece nos terminais do dispositivo. É o caso de cada vez que um arco aparece imediatamente antes de a corrente passar ao zero natural. A tensão do lado da carga volta a juntar-se à tensão do lado da alimentação com um estado instável que oscila a alta frequência (cerca de 1 MHz). O valor de pico da oscilação, determinado pela tensão de carga das capacitâncias parasitas a jusante, é portanto o dobro do valor anterior. Se o disjuntor for capaz de interromper correntes de alta frequência, conseguirá interromper a corrente na primeira vez que esta passar a zero, alguns microssegundos após a reignição. É muito provável que a reignição se repita devido ao aumento da amplitude de oscilação e que o fenómeno se repita provocando uma escalada da tensão que pode ser perigosa para a carga. Convém notar que o mesmo fenómeno se produz durante o fecho do dispositivo: provoca um *pré-triking* quando os contactos são aproximados o suficiente. Como nos casos de reignição sucessiva, a energia armazenada aumenta a cada tentativa de rutura, mas o aumento de tensão é limitado pela aproximação dos contactos.

2.2.4 Sistema de compensação de potência reactiva

Cada aplicação de circuitos compensadores shunt de alta tensão deve ser precedida de uma análise adequada do seu impacto nos sistemas industriais de alimentação eléctrica. Para analisar este fenómeno, podem ser utilizadas a modelização e as simulações informáticas da rede eléctrica.

Os sistemas compensadores SVC utilizados na investigação são constituídos pelos seguintes módulos: Unidades TCR e FC que incluem: filtros harmónicos de carácter capacitivo. O primeiro, a unidade TCR, foi implementado em triângulo no sistema modelado e consiste num reator fixo de núcleo de ar em série com uma válvula de tiristor bidirecional. A indutância em cada fase é dividida de forma a que metade da indutância esteja em cada lado da válvula de tiristor [25], [26]. A corrente no reator é controlada por fase, variando o disparo da válvula de tiristor. Desta forma, a potência reactiva produzida é continuamente variável numa gama equivalente à potência nominal MVAr do reator. Na absorção máxima de var, o TCR está em condução total e a saída de VAR é a rede do reator de filtro e do condensador. Na injeção máxima de var, o TCR está desligado e a saída VAR é determinada pelos filtros de harmónicas. Num sistema trifásico equilibrado, em que os três elementos monofásicos estão ligados em delta (TCR de 6 impulsos), apenas existem harmónicas da ordem (6n±1). O FC, como fonte reactiva do sistema SVC, foi concebido para absorver os harmónicos gerados pelas cargas, bem como pelos reactores controlados por tiristores. A distorção harmónica total e as tensões harmónicas individuais são limitadas abaixo dos níveis especificados. O sistema compensador TCR-FC mantém a tensão de barramento praticamente a um nível constante, reduz o consumo de energia e melhora a qualidade da energia, aumentando a capacidade de transmissão de energia ativa.

O compensador shunt encontrado no sistema de energia examinado foi implementado por um único ramo passivo de filtros de harmónicas LC série e filtros de harmónicas do tipo C. No caso do FC configurado por três componentes série: um condensador (C) e um indutor (L), os elementos de filtragem foram selecionados a partir da biblioteca *SimPowerSystem* do Matlab/Simulink [80]. Os componentes do filtro podem ser sintonizados para fornecer um caminho de baixa impedância para uma frequência específica. O fator de qualidade do indutor determina o grau de afinação.

A principal desvantagem da maioria das estruturas de dispositivos de compensação de filtragem é a filtragem deficiente de altas frequências. Para eliminar esta desvantagem, são normalmente utilizados filtros de banda larga (amortecidos) de primeira, segunda ou terceira ordem e o filtro de tipo C está incluído na categoria de filtros de banda larga. Os filtros de banda larga têm mais uma vantagem, substancial para a sua cooperação com conversores electrónicos de potência: amortecem os entalhes de comutação mais eficazmente do que os filtros de ramo único - têm uma largura de banda muito maior. Também eliminam mais eficazmente os componentes inter-harmónicos (em bandas laterais adjacentes aos harmónicos caraterísticos) gerados pelos conversores de frequência estáticos. No filtro do tipo C, em que o ramo LC está sintonizado na frequência da harmónica fundamental, também se consegue uma redução significativamente melhor das perdas de potência ativa em comparação com os filtros de ramo único. Desta forma, a corrente harmónica fundamental não passa pela resistência RT, evitando assim grandes perdas de potência [27]. No caso das baterias de condensadores, os parâmetros técnicos são apresentados pela componente C e as outras resistências e indutâncias são os elementos dispersos dos dispositivos modelados. Inclui-se o impacto dos parâmetros parasitas, que na CAF implementada são representados pela terra apropriada e pela capacitância fase-fase do sistema de energia e pelo filtro passivo de harmónicas.

O fator de qualidade *q* da unidade TCR-FC do compensador foi calculado a partir do catálogo de bancos de condensadores e reactores de núcleo de ar dos filtros de harmónicas individuais.

Os valores nominais dos reactores de filtragem e das baterias de condensadores são selecionados de acordo com as tolerâncias admissíveis de indutância e capacitância, respetivamente, para os reactores ligados em série com núcleo de ar do tipo seco (ANSI C57.16-1958) e para os condensadores de potência em derivação (IEEE Std. 18-1992). As tolerâncias apresentadas nas normas acima referidas incluem as condições ambientais e possíveis variações tecnológicas [28], [29], [30].

3 Transientes em ramos múltiplos de filtros - estudo de caso

A simulação de eventos de comutação que causam transientes e sobretensões dinâmicas e sobretensões em unidades de filtragem industrial foi examinada num sistema típico de alimentação de fornos de arco. A configuração dos filtros de harmónicas sintonizados individualmente, o curto-circuito do barramento, as frequências de sintonização dos filtros de harmónicas, os parâmetros de todos os componentes e as tensões da rede industrial implementada foram retirados de documentos técnicos de instalações industriais.

A *primeira parte* da investigação inclui a análise do processo, que ocorreu em diferentes topologias do circuito TCR-FC com filtros passivos de harmónicas monotunados LC e filtro tipo C, durante a energização do transformador do forno de arco e a comutação do ramo do filtro industrial.

A *segunda parte* da investigação inclui a análise do processo que ocorre durante a desativação do filtro harmónico, num ambiente de espetro de corrente harmónica. A análise e a modelização da desativação de um ou vários FCs incluem o fenómeno de restrição entre contactos do disjuntor do filtro durante a abertura do disjuntor.

3.1. Descrição do sistema de alimentação eléctrica

A simulação da energização de um transformador industrial sem carga com capacidade nominal de S_{nom} = 50 MVA foi efectuada no sistema de alimentação de um forno elétrico a arco de corrente alternada. A rede industrial implementada é caracterizada por uma topologia específica que permitiu determinar caraterísticas transitórias específicas, incluindo a amplitude das correntes e tensões geradas na unidade de compensação.

Dependendo da topologia da rede industrial (número de unidades de fornos de arco), o barramento de média tensão do sistema de energia pode ser alimentado pela rede de alta tensão através do transformador redutor com potência nominal adequada de 80 a 160 MVA, unidade ligada em triângulo com o neutro primário solidamente ligado à terra. Um transformador de forno de arco de 50 MVA com enrolamentos Yd1 está ligado ao barramento de 20 kV. O FC múltiplo baseado em filtros passivos de harmónicas que, à semelhança da unidade de reator controlado por tiristor (TCR), também está ligado ao barramento de MT através dos disjuntores de ar comprimido adequados.

O SVC é composto por uma unidade TCR e por vários filtros sintonizados FC, que estão ligados ao mesmo barramento a partir do qual é fornecida a CA-EAF. Uma unidade TCR é constituída por um conjunto de tiristores ligados em série e em antiparalelo, com circuitos de proteção, e fornece potência reactiva rápida e apoio à regulação da tensão. O circuito amortecedor é utilizado para proteção contra sobretensões dos tiristores e para fornecer energia auxiliar à placa eletrónica de tiristores. No TCR, é utilizado um reator com núcleo de ar, isolado com fibra de vidro e impregnado de resina epoxídica. Isto proporciona um design robusto, auto-ventilado, de baixa perda, ambientalmente estudado com caraterística indutiva inerentemente linear. Os filtros de harmónicas da SVC devem ser concebidos para atingir as especificações de distorção harmónica, gerar as quantidades adequadas de potência reactiva e assegurar que todos os modos de ressonância possíveis com a rede eléctrica são evitados.

A potência reactiva capacitiva total do compensador de derivação é o resultado da soma da potência reactiva dos CF e do reator TCR, e a sua variação ocorre através do funcionamento do sistema de controlo eletrónico que gera impulsos de ignição para os tiristores do inventor. No entanto, a potência reactiva total do CF implementado é a soma das potências reactivas de cada um dos filtros passivos de sintonia simples, cujos parâmetros são selecionados tendo em conta o espetro de corrente harmónica das unidades de forno de arco e da unidade TCR. As unidades FC do SVC baseadas em filtros passivos de harmónicas de sintonia simples: F2, F3 e F5, Figura 3.1a ou 2nd unidade de filtro tipo C e 3rd e 5th filtros passivos LC de ramo único, Figura 3.1b.

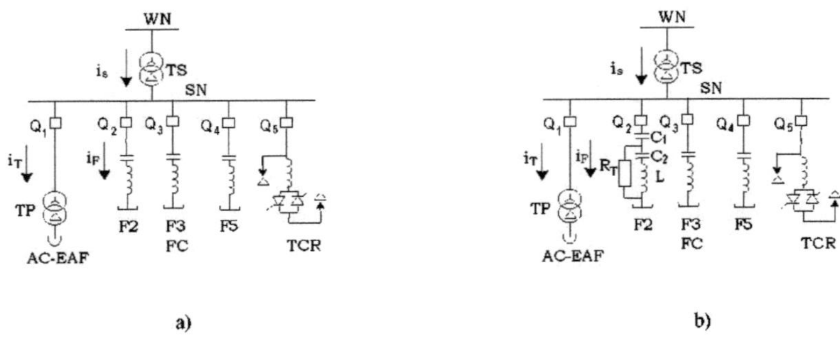

Figura 3.1. Topologia do sistema de alimentação industrial AC - EAF implementado com SVC: a) todos os filtros passivos de harmónicas LC de sintonia simples - topologia FC1, b) 2nd unidade de filtro de harmónicas do tipo C que coopera com filtros passivos - topologia FC2

A unidade do forno de arco é alimentada pelo transformador de arco TP e é acionada pelo disjuntor de ar comprimido Q1. Os FC múltiplos baseados em três filtros de sintonização simples estão também ligados ao barramento de MT através de disjuntores de ar comprimido Qn adequados, Figura 3.2.

O sistema de alimentação de arco examinado permitiu verificar o impacto das configurações do CF implementadas e da frequência de sintonização do filtro de harmónicas na amplitude dos transitórios das tensões e correntes de cada um dos circuitos de um ramo do CF, durante a comutação do transformador do forno de arco, tendo sido consideradas as simulações. Além disso, durante a comutação do filtro de harmónicas industrial ou dos ramos múltiplos do filtro no sistema de energia examinado, o transformador de arco TP é desligado e todas as unidades passivas do FC: F2, F3 e F5 em ambas as topologias (Figura 3.1a e Figura 3.1b) são operadas por disjuntores adequados: Q2, Q3 e Q4. Em ambos os casos, durante a energização do transformador do forno de arco (TP) e a comutação dos FCs harmónicos, a unidade TCR está em funcionamento (disjuntor Q5) e fornece o equilíbrio adequado da potência reactiva no barramento de média tensão.

Durante a desativação de um filtro de harmónicas simples ou de vários ramos de filtros no ambiente de espetro de corrente de harmónicas, o forno de arco e a aplicação SVC (e outras cargas - tipicamente um forno panela) produzem as suas próprias correntes de harmónicas e são as fontes de distorção de harmónicas.

3.1.1. O transformador do forno de arco

Os parâmetros do circuito equivalente do transformador de arco, que foi implementado como um modelo *"saturável"* em Matlab/Simulink no sistema de energia industrial examinado, foram determinados com base nos dados nominais e calculados a partir dos seus valores adicionados de parâmetros individuais. Nas tabelas 3.1 e 3.2 são apresentados, respetivamente, os dados nominais e os parâmetros dos valores determinados do transformador de arco.

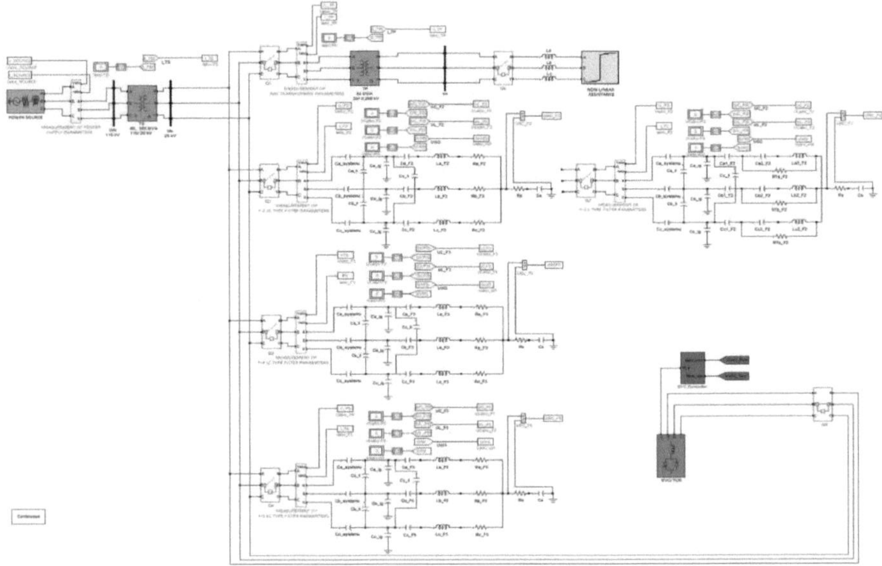

Figura 3.2. Modelo topológico em Simulink do sistema de potência industrial do forno elétrico a arco AC com compensador SVC como unidade TCR-FC

Tabela 3.1. Os dados nominais do transformador de arco de 50 MVA

Power rated	S_n	MVA	50
Primary voltage	U_{1n}	kV	20
Secondary voltage	U_{2n}	kV	0.268
Primary current	I_{1n}	kA	1.44
Secondary current	I_{2n}	kA	107. 71
Short circuit voltage	$U_{z\%}$	%	8.20
No-load current	$I_{o\%}$	%	1.30
No-load power losses	ΔP_o	kW	13.60
Short circuit power losses	ΔP_z	kW	288.00
Windings group connection	-	-	Yd1

Tabela 3.2. Parâmetros do modelo do transformador de arco de 50 MVA

Primary windings resistance	R_1	Ω	0.023
Primary windings inductance	L_1	mH	1.04
Secondary windings resistance	R_2	μΩ	12.39
Secondary windings inductance	L_2	μH	0.56
Magnetizing inductance	L_μ	H	1.99
Magnetizing resistance	R_{Fe}	Ω	3267.97

Durante a simulação da energização do transformador de arco no sistema de fornecimento de energia industrial, foi utilizada a caraterística de magnetização. Os pontos de cada curva foram determinados com base nos dados nominais do transformador de unidade trifásica e na caraterística $\Psi = f(i)$, tabela 3.3.

Tabela 3.3. Parâmetros relativos da caraterística de magnetização $\Psi = f(i)$

i_μ, p.u.	0.00	1.00	3.50	25.00	64.00
Ψ, p.u.	0.00	1.00	1.34	1.60	1.64

A *ferramenta de projeto de transformadores de histerese* disponível no software Matlab/Simulink permitiu implementar, desenhar e apresentar a seguinte caraterística de magnetização da unidade de transformador de arco examinada, Figura 3.3.

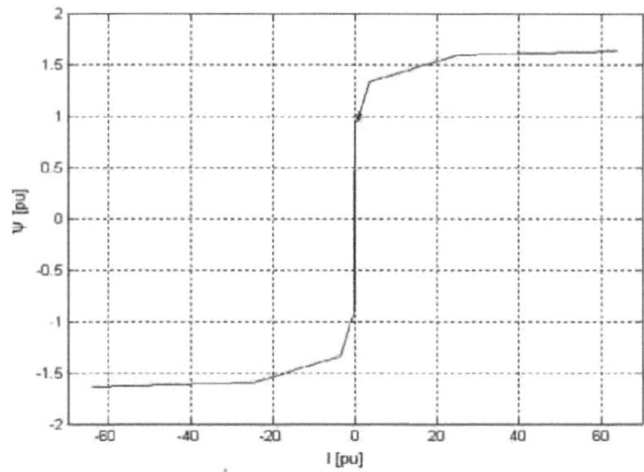

Figura 3.3. Curva de magnetização do transformador de forno a arco de 50 MVA

Na análise geral de um exemplo de sistema de energia industrial com o SVC, a histerese magnética não é definida porque o seu efeito para o transitório no que respeita à amplitude da corrente de arranque é negligenciável.

3.1.2. O circuito do filtro

O principal objetivo da seleção de unidades de filtros passivos de harmónicas no compensador SVC modelado, devido a alguns dos tipos de operações de comutação, foi apresentar a influência de cada ramo de filtro no CF implementado. O CF múltiplo baseia-se em três filtros simples sintonizados: unidades de segunda, terceira e quinta harmónicas que estão ligadas ao barramento de MT através dos disjuntores de ar comprimido adequados, respetivamente: Q2, Q3 e Q4. A especificação do reator de núcleo de ar do filtro individual e dos bancos de condensadores foi calculada para a potência reactiva QF baseada no *projeto* (abaixo da frequência de ressonância) e na *sintonização fina* (com precisão em relação à frequência de ressonância), sob tensão nominal e fator de qualidade do filtro determinado *q*. Nas Tabelas 3.4 e 3.5 são apresentados os parâmetros dos filtros harmónicos da CAF tendo em conta o projeto e a sintonização fina com as suas variações, para filtros passivos de ramo único e 2nd filtro do tipo C, respetivamente.

Tabela 3.4. Parâmetros dos filtros harmónicos com sintonização simples

Sintonização de projeto, abaixo da frequência de ressonância						
Filtro	Frequência de	Capacitância *C*	Indutância	Resistência	Corrente do	Potência reactiva

	sintonização		L	R	filtro I_n	do filtro Q_F
	-	μF	mH	Ω	A	MVAr
F2	1.86	28.30	103.59	0.27	143.77	5.00
F3	2.79	152.01	8.57	0.07	629.53	22.00
F5	4.65	113.90	4.12	0.04	432.24	15.00
Sintonização fina, precisa até à frequência de ressonância						
F2	2.0	29.86	84.94	0.24	143.77	5.00
F3	3.0	155.05	7.27	0.06	629.53	22.00
F5	5.0	114.64	3.54	0.03	432.24	15.00

Tabela 3.5. Parâmetros do filtro de harmónicas tipo C de 2 nd

Sintonização de projeto, abaixo da frequência de ressonância							
Filtro	Frequência de sintonização	Capacitância C_1	Capacitância C_2	Indutância L	Resistência de amortecimento R_T	Corrente do filtro I_n	Potência reactiva do filtro Q_F
	-	μF	μF	mH	Ω	A	MVAr
F2	1.86	39.79	97.86	103.59	107.53	143.77	5.00
Sintonização fina, precisa até à frequência de ressonância							
F2	2.00	39.79	119.37	84.94	100.00	143.77	5.00

3.1.3. Topologia dos circuitos de filtro SVC a estudar

O objetivo do estudo de simulação foi determinar as amplitudes transitórias de pico das correntes e tensões nas unidades de CF durante a energização do transformador de arco e a ligação dos filtros de harmónicas, que são operados numa configuração de CF e sistemas de alimentação diferentes.

Foi estudado o impacto das possíveis configurações de comutação do CAF nas topologias do CAF1 (filtros simples F2, F3 e F5) e do CAF2 (filtro C F2 e filtros simples F3 e F5), bem como o valor da potência de curto-circuito e a afinação do filtro nos transientes. Foram estudadas duas configurações possíveis do FC durante a comutação do transformador do forno, Tabela 3.6.

Tabela 3.6. Configurações de comutação FC

Tipo de configuração	Evento de comutação
Configuração I	Ligar o filtro harmónico simples - F2 ou F3 ou F5
Configuração II	Ligação de todos os filtros de harmónicas - F2, F3 e F5

Durante o estudo de transitórios sob ligação de FC, foram simuladas a ligação de um único filtro (Configuração I) e a ligação de todos os filtros (Configuração II), bem como a ligação de um único filtro quando os restantes ramos de FC estavam ligados ao barramento do sistema (Configuração III). Na configuração III, foram examinados os seguintes eventos de comutação:

Case 1: F2, F3 e F5 estão ligados ao barramento ;

Case 2: F3, F2 e F5 estão ligados ao barramento ;

Case 3: F5 sobF2e F3estão ligados ao barramento .

A análise dos transitórios durante a desativação dos filtros em ambiente harmónico foi realizada declarando os conteúdos harmónicos do filtro no valor de 0 %, 25 %, 50 % e 100 % da corrente nominal do filtro.

3.1.4. Caraterística de frequência do sistema de alimentação

A Figura 3.4 mostra a caraterística de frequência dos sistemas de potência examinados com a topologia FC1 e FC2 dos filtros de harmónicas que estão sintonizados abaixo e com a frequência ressonante exacta. Como se pode ver, as alterações adequadas do valor da impedância para os harmónicos específicos que ocorrem na modelação de bancos de filtros múltiplos AC-EAF.

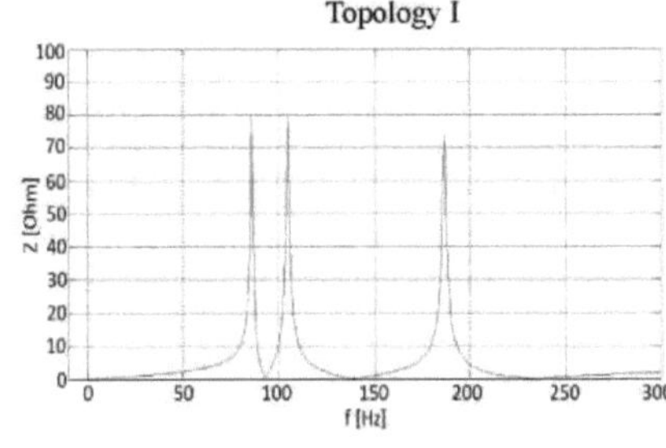

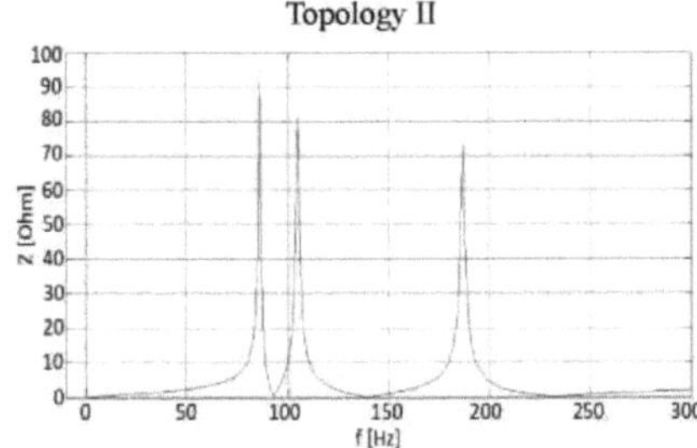

a)

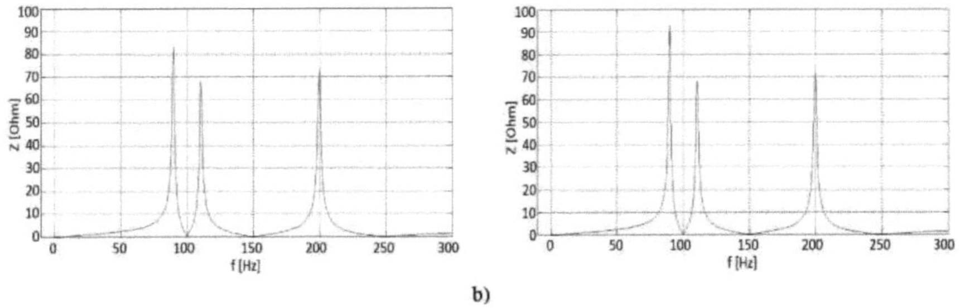

Figura 3.4. Caraterística de frequência do sistema de alimentação de energia: a) afinação de projeto, b) afinação fina

3.2. Transientes durante a energização do transformador de arco

3.2.1. Corrente de arranque do transformador de arco

A simulação foi efectuada para obter o valor máximo da amplitude da corrente de arranque tendo em conta a magnetização residual mais desfavorável. Os valores dos fluxos magnéticos das fases do transformador de arco foram apresentados na Tabela 3.7.

Tabela 3.7. A magnetização residual do núcleo do transformador de arco

Core phase	A	B	C
Φ_r, p. u.	0.6	0	- 0.6

A amplitude da corrente de arranque do transformador de arco depende do curto-circuito no barramento do sistema de alimentação eléctrica. A potência nominal do transformador do sistema TS tem o maior efeito no curto-circuito do barramento [7], [31].

A Figura 3.5 mostra a corrente de fase *A* do enrolamento primário do transformador de arco alimentado pelo transformador do sistema de 160 MVA.

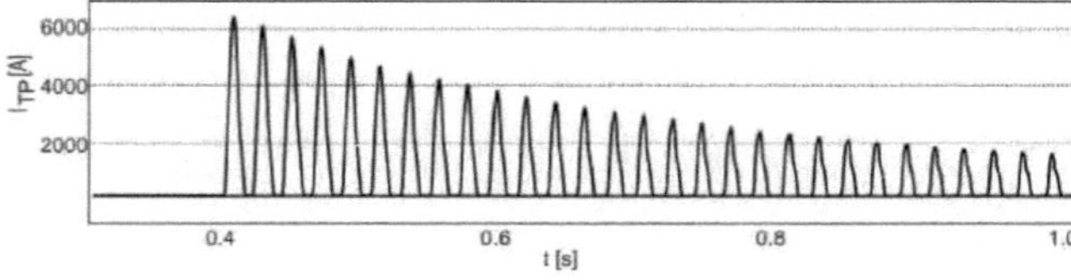

Figura 3.5. A corrente de arranque simulada do transformador de arco de 50 MVA

Os valores das amplitudes das correntes de arranque do transformador de arco fornecidas por diferentes transformadores de potência nominal são dados na Tabela 3.8.

Tabela 3.8. Amplitudes de pico da corrente de arranque do transformador de arco

Potência nominal do transformador do sistema TS	MVA	80	160
Amplitude da corrente de arranque do transformador de arco	kA	5.78	6.82

Como se pode verificar, as maiores amplitudes das correntes de arranque são observadas no caso de uma potência nominal mais elevada do transformador do sistema [19].

A corrente de inrush é caracterizada por um rico espetro de correntes harmónicas cujas amplitudes variam durante os transientes [32]. Dependências temporais das principais amplitudes harmónicas com base na análise de Fourier. Para a corrente de arranque da fase *A* são apresentadas na Figura 3.6.

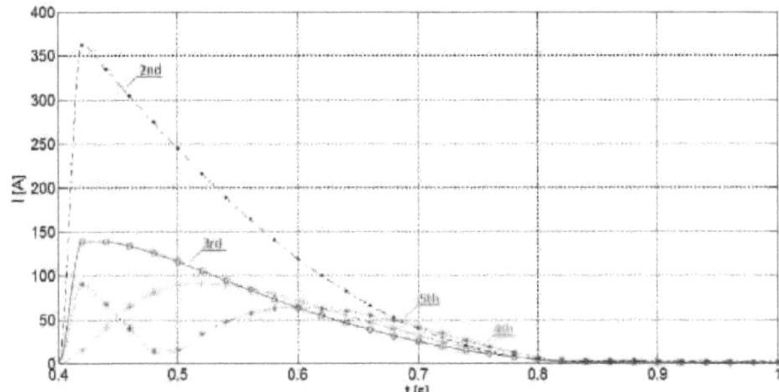

Figura 3.6. Dependência temporal dos harmónicos da corrente de arranque ao energizar o transformador de arco de 50 MVA

3.2.2. Transientes na topologia do circuito de filtragem 1

A energização do transformador excita a oscilação harmónica de ressonância transitória no FC. A Figura 3.7 mostra um exemplo de correntes e tensões transitórias na fase mais carregada do filtro de harmónicas 2nd , durante a energização do transformador do forno de arco a partir do transformador do sistema de potência de 80 MVA. Os resultados são mostrados para duas configurações diferentes da topologia FC1 e para duas frequências de sintonia do filtro diferentes - sintonia de projeto e sintonia fina.

Pode ver-se, a partir das formas de onda, que as variações dos parâmetros do CF alteram o carácter das correntes transitórias no CF1. A afinação dos filtros harmónicos para uma frequência de ressonância fina provoca amplitudes de corrente transitória mais elevadas no CF.

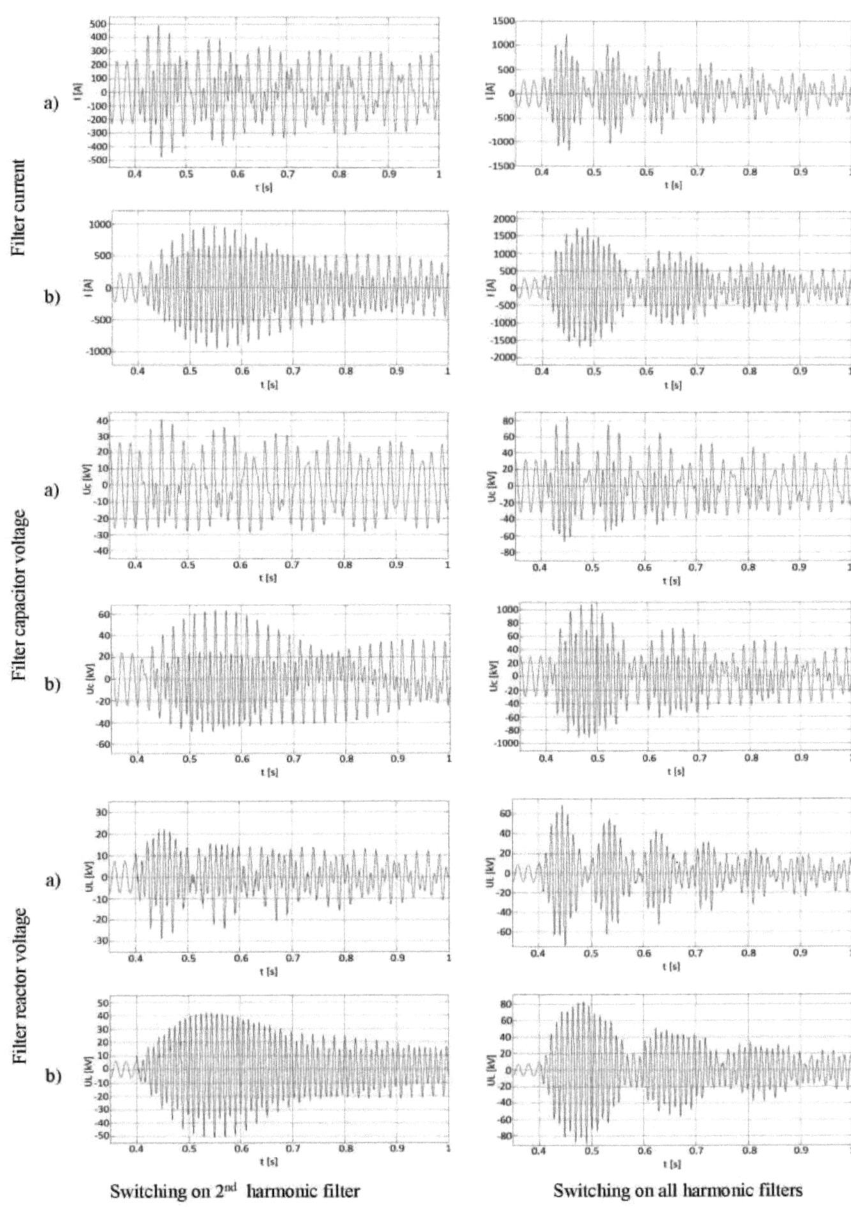

Figura 3.7. Correntes e tensões transitórias através de 2nd condensador de filtro harmónico e reator em configurações FC1 durante a energização do transformador de arco para: a) sintonização de projeto hr =1,86 e b) sintonização fina hr =2,00

A sobretensão transitória num condensador de filtro e num reator é determinada pela natureza da corrente transitória e pela frequência de sintonização do FC.

As Tabelas 3.9, 3.10 e 3.11 mostram os valores de pico das correntes transitórias dos filtros e os valores de pico das tensões transitórias para os bancos de capacitores e reatores, obtidos na simulação da energização do transformador de arco para os transformadores do sistema, com diversas capacidades nominais.

Tabela 3.9. Amplitudes de corrente transitória de pico em FC1 sob energização do transformador de arco

Afinação			Afinação da conceção				Afinação fina			
Classificação de TS, MVA			80		160		80		160	
Configuração FC1			I	II	I	II	I	II	I	II
Amplitude do pico de corrente	F2	kA	0.49	1.22	0.48	1.05	0.96	1.75	1.04	1.82
		p.u. (*)	2.41	5.99	2.36	5.15	4.72	8.61	5.11	8.95
	F3	kA	2.11	2.13	1.80	2.16	1.69	2.39	1.72	2.54
		p.u. (*)	2.37	2.38	2.02	2.42	1.90	2.68	1.93	2.85
	F5	kA	1.95	1.97	1.44	1.89	1.63	2.48	1.31	2.21
		p.u. (*)	3.19	3.22	2.35	3.09	2.67	4.06	2.14	3.62

(*) valor de base - corrente nominal do filtro

Tabela 3.10. Amplitudes de tensão transiente de pico nos bancos de capacitores em FC1 sob energização do transformador de arco

Afinação			Afinação da conceção				Afinação fina			
Classificação de TS, MVA			80		160		80		160	
Configuração FC1			I	II	I	II	I	II	I	II
Amplitude do pico de tensão	F2	kV	40.83	85.01	40.77	74.73	63.78	108.57	67.98	110.87
		p.u. (*)	1.78	3.71	1.77	3.26	2.78	4.73	2.96	4.83
	F3	kV	30.30	31.20	28.73	34.55	27.18	33.49	27.60	34.80
		p.u. (*)	1.62	1.67	1.54	1.85	1.45	1.79	1.48	1.86
	F5	kV	21.76	28.15	20.10	25.68	20.61	31.71	20.34	25.78
		p.u. (*)	1.27	1.65	1.17	1.50	1.21	1.85	1.19	1.51

(*) valor de base - tensões nominais de filtragem para bancos de condensadores

Tabela 3.11. Amplitudes de tensão transitória de pico nos reatores em FC1 sob energização do transformador de arco

Afinação			Afinação da conceção				Afinação fina			
Classificação de TS, MVA			80		160		80		160	
Configuração FC1			I	II	I	II	I	II	I	II
Amplitude do pico de tensão	F2	kV	28.98	73.57	28.13	61.56	51.02	88.98	54.34	91.35
		p.u. (*)	4.37	11.10	4.24	9.28	7.69	13.42	8.19	13.78
	F3	kV	10.43	12.04	9.59	13.95	7.91	14.07	8.30	13.98
		p.u. (*)	4.34	5.01	3.99	5.81	3.29	5.85	3.45	5.82

	F5	kV	8.43	8.59	6.41	7.46	5.17	8.70	3.72	7.33
		p.u. (*)	10.67	10.87	8.12	9.44	6.54	11.01	4.71	9.28

(*) valor de base - tensões nominais de filtro para reactores

Os resultados da simulação mostram que a impedância do sistema de potência tem impacto na amplitude dos picos de corrente nos ramos FC. No sistema elétrico examinado, observam-se picos relativamente mais elevados de correntes transitórias nos ramos FC1 alimentados a partir do transformador do sistema de maior capacidade nominal e com a afinação fina do filtro. Além disso, na configuração normal do FC1, quando todos os filtros instalados estão ligados no circuito FC1, os transitórios de comutação são caracterizados por picos de amplitude consideravelmente mais elevados e de maior duração. No caso da sintonização fina para a frequência ressonante, também se observaram picos relativamente mais elevados de correntes transitórias no FC1.

A análise da corrente transitória mostra que em todos os ramos de FC1 observa-se o aumento das amplitudes máximas após um certo tempo do início da energização do transformador de arco.

Os resultados das simulações informam que *as "estimativas estáticas"* que se baseiam nas caraterísticas de frequência e nos valores harmónicos das correntes de arranque do transformador não podem ser consideradas como uma base fiável para o cálculo da amplitude de pico da corrente transitória na CAF [7], [31], [33].

É de notar que os picos relativos das sobretensões transitórias geradas nos reactores do filtro excedem significativamente os valores de pico nos bancos de condensadores para todos os casos da topologia FC1. A sensibilidade do circuito ressonante a determinadas frequências do espetro da corrente de inrush tem impacto nos níveis de sobretensão na bateria de condensadores e no reator do filtro [7], [31], [33].

É óbvio, a partir do estudo, que o desvio dos parâmetros da bateria de condensadores e do reator, bem como as variações das caraterísticas da frequência do sistema de alimentação, afectam a natureza do transitório do filtro. Os resultados obtidos no estudo de caso não podem ser generalizados para aplicação a outros sistemas, mas apenas utilizados para determinar a tensão de comutação eléctrica nos componentes do filtro deste sistema. Noutros casos, podemos esperar relações completamente diferentes.

Mesmo assim, o carácter dos fenómenos de sobretensões e sobreintensidades dinâmicas aqui apresentados é comum a muitos outros [7], [31], [33]. A análise geral mostra que o principal impacto na natureza dos transitórios em todas as operações de comutação é o curto-circuito no barramento e os parâmetros do SVC FC.

3.2.3. Transientes na topologia do circuito de filtragem 2

A Figura 3.8 mostra as tensões e correntes transitórias para a fase especificada do filtro de harmónicos amortecido 2nd (filtro tipo C), resultantes da simulação da energização do transformador de arco a partir do transformador do sistema de 80 MVA de capacidade. Os resultados são mostrados para duas configurações diferentes de comutação do FC2: 1 - comutação de um único filtro tipo C e 2 - comutação de todos os filtros FC2.

As amplitudes de pico das correntes e tensões transitórias nos componentes dos filtros para ambas as configurações da topologia FC2 são apresentadas nas tabelas 3.12, 3.13 e 3.14.

Tabela 3.12. Amplitudes de corrente transitória de pico em FC2 sob energização de transformador de arco

Afinação			Afinação da conceção				Afinação fina			
Classificação de TS, MVA			80		160		80		160	
Amplitude do pico de corrente	Configuração FC2		I	II	I	II	I	II	I	II
	F2	kA	0.27	0.67	0.28	0.57	0.32	0.77	0.31	0.65
		p.u. (*)	1.35	3.30	1.36	2.78	1.58	3.77	1.55	3.22
	Configuração FC2		II		II		II		II	
	F3	kA	2.63		2.34		2.27		2.31	
		p.u. (*)	2.95		2.61		2.55		2.58	
	F5	kA	1.41		1.47		1.86		1.72	
		p.u. (*)	3.34		2.41		3.04		2.81	

(*) valor de base - corrente nominal do filtro

Tabela 3.13. Amplitudes de tensão transiente de pico nos bancos de capacitores em FC2 sob energização do transformador de arco

Afinação			Afinação da conceção				Afinação fina			
Classificação de TS, MVA			80		160		80		160	
Amplitude do pico de tensão	Configuração FC2		I	II	I	II	I	II	I	II
	F2	kV	25.83	46.31	25.70	40.86	27.42	46.37	26.44	41.01
		p.u. (*)	1.13	2.02	1.10	1.78	1.19	2.02	1.15	1.79

Configuração FC2		II	II	II	II
F3	kV	35.67	34.60	34.25	33.88
	p.u. (*)	1.91	1.88	1.83	1.81
F5	kV	28.42	27.52	26.52	25.55
	p.u. (*)	1.67	1.61	1.43	1.37

(*) valor de base - tensões nominais de filtragem para bancos de condensadores

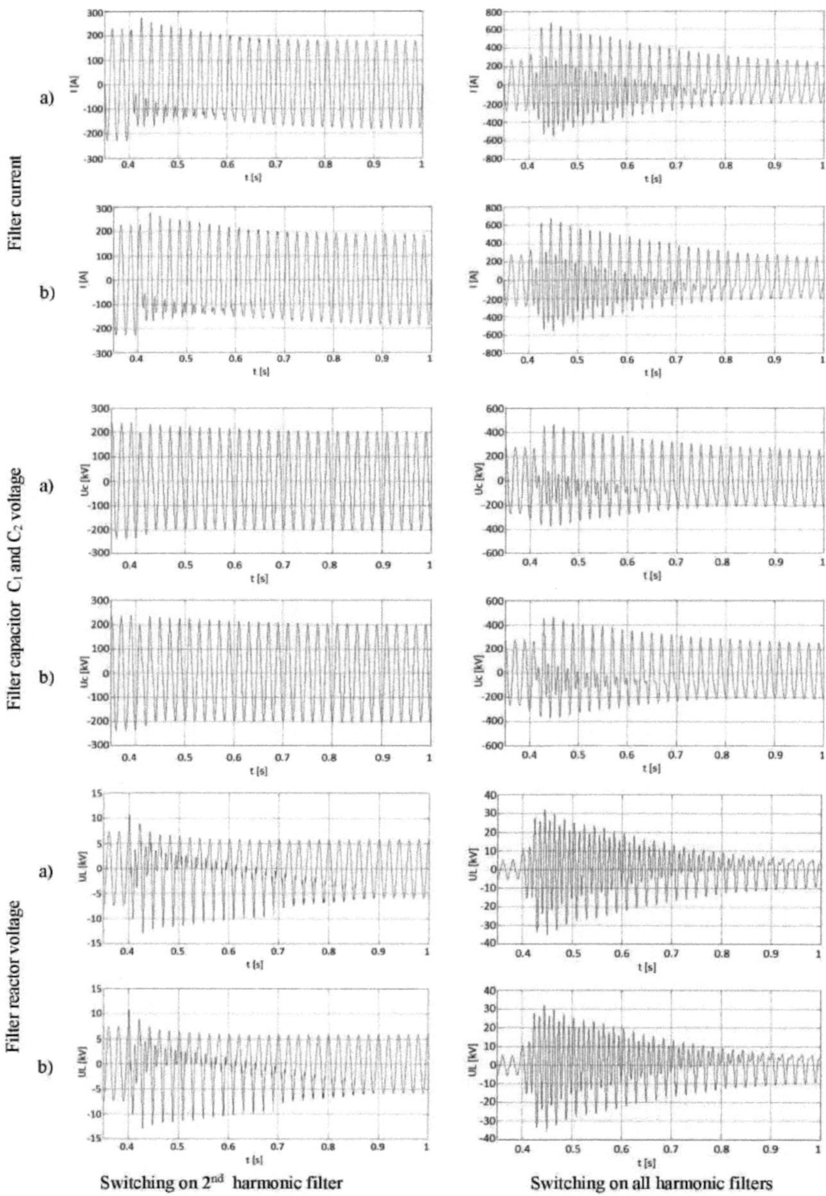

Figura 3.8. Correntes e tensões transitórias através de 2nd condensador de filtro harmónico e reator em configurações FC2 durante a energização do transformador de arco para: a) sintonização de projeto *hr* =1,86 e b) sintonização fina *hr* =2,00

Tabela 3.14. Amplitudes de tensão transitória de pico nos reatores em FC2 sob energização do transformador de arco

Afinação			Afinação da conceção				Afinação fina			
Classificação de TS, MVA			80		160		80		160	
Amplitude do pico de tensão	Configuração FC2		I	II	I	II	I	II	I	II
	F2	kV	12.97	35.56	12.54	29.32	13.44	35.62	12.87	29.65
		p.u. (*)	1.96	5.36	1.89	4.42	2.03	5.38	1.94	4.47
	Configuração FC2		II		II		II		II	
	F3	kV	11.69		10.59		12.09		11.22	
		p.u. (*)	4.86		4.41		5.03		4.67	
	F5	kV	4.18		4.25		5.46		4.73	
		p.u. (*)	1.74		1.77		6.91		5.98	

(*) valor de base - tensões nominais de filtro para reactores

As experiências mostram que, à semelhança dos casos das configurações FC1, a impedância do sistema de alimentação tem o mesmo efeito nas correntes transitórias durante a energização das unidades FC2. O estudo da configuração FC2 com filtro do tipo C mostrou que, com a comutação de todos os filtros de harmónicas, se observam maiores amplitudes de pico e maior duração das oscilações transitórias. A comutação de todas as configurações FC2 com sintonização fina provoca picos de tensão e corrente transitórias mais elevados, bem como durações mais longas das oscilações transitórias, em comparação com os filtros FC2 que estão sintonizados nas frequências de projeto (ver figura 3.8). É óbvio que o amortecimento mais eficiente da corrente transitória de um filtro, sem impacto na capacidade do transformador do sistema, é visível em 2nd ramos de filtros harmónicos [7], [31], [33].

A utilização de um filtro do tipo C na topologia FC2 reduz os picos das correntes transitórias nos ramos FC2 em comparação com FC1 com todos os filtros harmónicos passivos de sintonização única.

As sobretensões através de 2nd elementos filtrantes amortecidos, em comparação com as unidades LC, caracterizam-se por picos de menor amplitude e duração transitória em FC.

A análise das correntes transitórias nos componentes FC2 sob a energização do filtro tipo C mostrou que a resistência adicional RT suprime eficazmente as oscilações transitórias. Além disso, em comparação com a topologia FC1, no caso FC2, quando ocorre a comutação, a corrente transitória mais rápida atinge um estado estacionário em todas as unidades de filtro. A corrente transitória na resistência de amortecimento do filtro tipo C de 2nd depende da sua sintonização, da potência de curto-circuito do sistema e do valor de RT. A Figura 3.9 mostra formas de onda exemplares da corrente transitória na resistência de amortecimento para duas configurações FC2 analisadas.

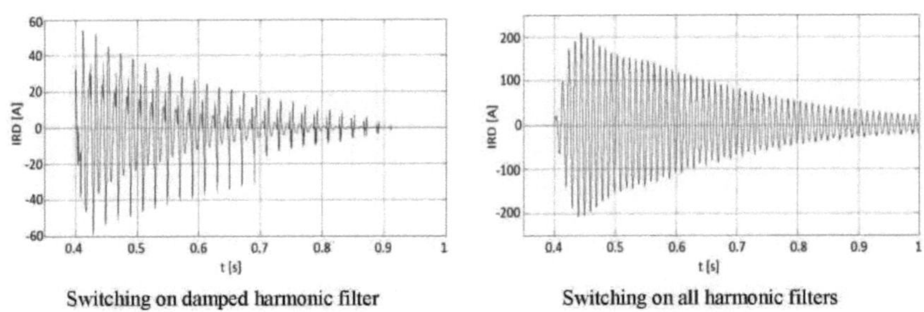

Figura 3.9. Corrente transitória na resistência de amortecimento RT do filtro tipo C de 2 nd

A Tabela 3.15 define as amplitudes de pico das correntes transitórias de resistência de amortecimento para as configurações FC2 ao ligar o transformador de arco.

Tabela 3.15. Amplitudes de corrente transitória de pico na resistência de amortecimento sob energização do transformador de arco

Afinação		Afinação da conceção				Afinação fina			
Classificação de TS, MVA		80		160		80		160	
Configuração FC2		I	II	I	II	I	II	I	II
Amplitude do pico de corrente	A	59.46	210.71	55.29	166.49	78.12	228.54	76.52	193.18

3.3. Transientes durante a energização de múltiplos ramos de filtros de potência

3.3.1. Ligar os ramos do filtro do circuito 1

As tabelas de 3.16 a 3.18 apresentam as amplitudes dos picos de corrente e tensão transitórias obtidas durante a ligação de filtros individuais (configuração 1) ou de todos os filtros (configuração 2) ao sistema elétrico. No que respeita aos valores nominais dos reactores e das baterias de condensadores, são determinados os valores unitários adequados.

Tabela 3.16. Amplitudes de corrente transitória de pico em FC1 sob energização de filtros harmónicos

Afinação			Afinação da conceção				Afinação fina			
Classificação de TS, MVA			80		160		80		160	
Configuração FC1			I	II	I	II	I	II	I	II
Amplitude do pico de corrente	F2	kA	0.61	1.26	0.61	1.21	0.62	1.34	0.62	1.30
		p.u. (*)	3.00	6.20	3.00	5.95	3.05	6.59	3.05	6.39
	F3	kA	3.07	3.39	3.17	3.65	3.20	3.35	3.30	3.68
		p.u. (*)	3.45	3.81	3.56	4.10	3.59	3.76	3.71	4.13
	F5	kA	2.74	1.98	2.84	2.09	2.80	2.06	2.91	2.24
		p.u. (*)	4.48	3.24	4.65	3.42	4.58	3.37	4.76	3.66

(*) valor de base - corrente nominal do filtro

Tabela 3.17. Amplitudes de tensão transitória de pico nas baterias de condensadores em FC1 sob a energização de filtros harmónicos

Afinação			Afinação da conceção				Afinação fina			
Classificação de TS, MVA			80		160		80		160	
Configuração FC1			I	II	I	II	I	II	I	II
Amplitude do pico de tensão	F2	kV	48.63	89.59	48.89	81.11	47.08	82.13	47.25	83.12
		p.u. (*)	2.12	3.91	2.13	3.54	2.05	3.58	2.06	3.62
	F3	kV	42.96	43.85	41.79	43.93	41.62	45.29	40.17	42.32
		p.u. (*)	2.30	2.34	2.23	2.35	2.23	2.42	2.15	2.26
	F5	kV	29.55	40.23	32.44	38.57	29.71	40.17	33.86	38.85
		p.u. (*)	1.72	2.35	1.89	2.25	1.73	2.34	1.98	2.27

(*) valor de base - tensões nominais de filtragem para bancos de condensadores

Tabela 3.18. Amplitudes de tensão transitória de pico nos reactores em FC1 sob energização dos filtros harmónicos

Afinação			Afinação da conceção				Afinação fina			
Classificação de TS, MVA			80		160		80		160	
Configuração FC1			I	II	I	II	I	II	I	II
Amplitude do pico de tensão	F2	kV	30.40	69.14	30.75	66.55	28.04	63.04	28.37	65.39
		p.u. (*)	4.58	10.43	4.64	10.03	4.23	9.51	4.28	9.86
	F3	kV	15.58	16.47	16.31	18.14	14.01	14.89	14.74	16.63
		p.u. (*)	6.48	6.86	6.79	7.55	5.83	6.20	6.13	6.92
	F5	kV	8.47	6.70	9.46	7.59	7.69	6.00	8.75	6.92
		p.u. (*)	10.72	8.48	11.97	9.61	9.73	7.59	11.07	8.76

(*) valor de base - tensões nominais de filtro para reactores

A análise dos picos de corrente e de tensão nos ramos FC1 indica que a configuração do FC1 durante a ligação tem um impacto significativo no comportamento das correntes transitórias. As amplitudes mais elevadas dos picos para os dois tipos de sintonização são observadas em todos os ramos do FC1 quando se ligam todos os filtros harmónicos. A Figura 3.10 mostra as formas de onda das correntes e tensões transitórias através do banco de condensadores F2 e do reator F2 sob a energização do transformador do sistema de 80 MVA de capacidade no caso da sintonização do filtro de projeto. Esta tendência de oscilações não é observada para os filtros de harmónicos 3rd e 5th .

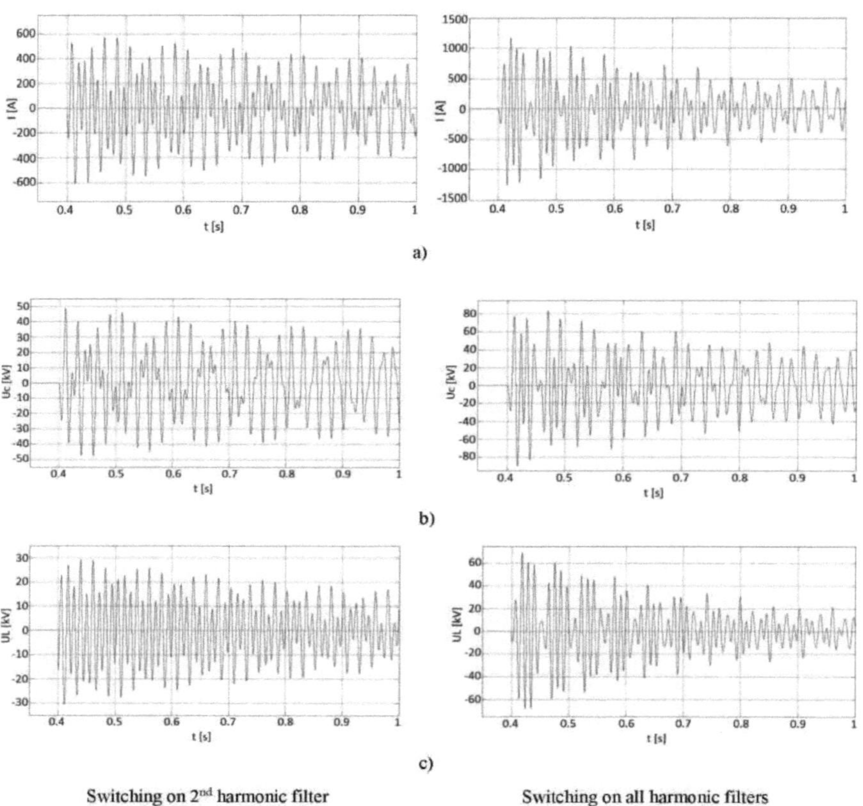

Figura 3.10. Correntes transitórias (a) e tensões através de 2nd condensador de filtro harmónico (b) e reator (c) sintonizado para *hr* =1,86

A ativação de todos os filtros de harmónicas resulta numa maior duração do transitório [15]. A análise de transitórios em FCs que são energizados a partir de transformadores do sistema com capacidades de 80 a 160 MVA não indica uma diferença significativa de carácter transitório para ambas as configurações da topologia FC1. Isso mostra um pequeno efeito da impedância do sistema para os transitórios.

O exame confirma que, devido à energização normal do FC1 para o barramento do sistema, são observadas amplitudes de pico de corrente transitória relativamente mais elevadas e o funcionamento de comutação do filtro provoca uma duração mais longa das oscilações nos ramos do que no caso da energização do transformador de arco [7], [31], [33]. A principal razão para essas diferenças é o fator de qualidade *q* dos circuitos de comutação.

Nas tabelas 3.19, 3.20 e 3.21 são apresentadas as amplitudes de pico da corrente e tensão transitórias nos componentes FC1 sob a energização dos filtros harmónicos para todos os casos da configuração IIIrd .

Tabela 3.19. Amplitudes de corrente transitória de pico em FC1 sob energização de filtros harmónicos

Afinação			Afinação da conceção		Afinação fina	
Classificação de TS, MVA			80	160	80	160
Caso 1 : ligar F2 em F3 e F5 estão ligados ao barramento						
Amplitude do pico de corrente	F2	kA	0.63	0.62	0.66	0.65
		p.u. (*)	3.07	3.05	3.25	3.20
	F3	kA	1.76	1.56	1.95	1.79
		p.u. (*)	1.98	1.75	2.19	2.01
	F5	kA	1.19	1.10	1.23	1.14
		p.u. (*)	1.95	1.80	2.01	1.86
Caso 2 : ligar F3 sob F2 e F5 estão ligados ao barramento						
Amplitude do pico de corrente	F2	kA	0.86	0.75	1.00	0.88
		p.u. (*)	4.23	3.69	4.92	4.33
	F3	kA	3.03	3.07	3.14	3.12
		p.u. (*)	3.40	3.45	3.53	3.50
	F5	kA	2.65	2.57	2.81	2.76
		p.u. (*)	4.33	4.20	4.60	4.51
Caso 3 : ligar F5 quando F2 e F3 estão ligados ao barramento						
Amplitude do pico de corrente	F2	kA	0.59	0.53	0.63	0.57
		p.u. (*)	2.90	2.61	3.10	2.80
	F3	kA	2.98	2.88	3.18	3.11

		p.u. (*)	3.35	3.23	3.57	3.49
	F5	kA	2.94	2.98	2.93	2.99
		p.u. (*)	4.81	4.87	4.79	4.89

(*) valor de base - corrente nominal do filtro

Tabela 3.20. Amplitudes de tensão transitória de pico nas baterias de condensadores em FC1 sob a energização de filtros harmónicos

Afinação			Afinação da conceção		Afinação fina	
Classificação de TS, MVA			80	160	80	160
Caso 1 : ligar F2 em F3 e F5 estão ligados ao barramento						
Amplitude do pico de tensão	F2	kV	55.00	54.01	51.92	51.16
		p.u. (*)	2.40	2.35	2.26	2.23
	F3	kV	31.08	28.28	29.15	29.40
		p.u. (*)	1.66	1.51	1.56	1.57
	F5	kV	25.98	23.94	25.12	25.48
		p.u. (*)	1.52	1.40	1.47	1.49
Caso 2 : ligar F3 sob F2 e F5 estão ligados ao barramento						
Amplitude do pico de tensão	F2	kV	66.78	56.06	63.93	59.31
		p.u. (*)	2.91	2.44	2.79	2.59
	F3	kV	44.43	42.55	43.56	41.69
		p.u. (*)	2.37	2.27	2.33	2.23
	F5	kV	34.32	33.70	39.62	36.53
		p.u. (*)	2.00	1.97	2.31	2.13
Caso 3 : ligar F5 quando F2 e F3 estão ligados ao barramento						
Amplitude do pico de tensão	F2	kV	43.97	38.06	42.98	41.59
		p.u. (*)	1.92	1.66	1.87	1.81
	F3	kV	32.85	31.90	37.11	34.40
		p.u. (*)	1.76	1.71	1.98	1.84
	F5	kV	42.23	40.60	42.70	41.05
		p.u. (*)	2.46	2.37	2.49	2.40

(*) valor de base - tensões nominais de filtragem para bancos de condensadores

Tabela 3.21. Amplitudes de tensão transitória de pico nos reactores em FC1 sob energização dos filtros harmónicos

Afinação			Afinação da conceção		Afinação fina	
Classificação de TS, MVA			80	160	80	160
Caso 1 : ligar F2 em F3 e F5 estão ligados ao barramento						
Amplitude	F2	kV	33.38	32.90	29.95	29.48

		p.u. (*)	5.03	4.96	4.52	4.44
	F3	kV	7.31	6.27	6.62	6.17
		p.u. (*)	3.04	2.61	2.75	2.57
	F5	kV	1.91	1.62	1.79	1.73
		p.u. (*)	2.42	2.05	2.27	2.19
Caso 2 : ligar F3 sob F2 e F5 estão ligados ao barramento						
Amplitude do pico de tensão	F2	kV	54.01	46.08	52.74	46.55
		p.u. (*)	8.14	6.95	7.95	7.02
	F3	kV	18.43	17.31	17.79	16.99
		p.u. (*)	7.67	7.20	7.40	7.07
	F5	kV	8.16	7.75	8.28	7.97
		p.u. (*)	10.33	9.81	10.48	10.09
Caso 3 : ligar F5 quando F2 e F3 estão ligados ao barramento						
Amplitude do pico de tensão	F2	kV	27.22	24.25	30.80	27.02
		p.u. (*)	4.10	3.66	4.64	4.07
	F3	kV	17.38	17.09	17.28	16.54
		p.u. (*)	7.23	7.11	7.19	6.88
	F5	kV	12.33	12.49	11.91	12.08
		p.u. (*)	15.61	15.81	15.07	15.29

(*) valor de base - tensões nominais de filtro para reactores

O estudo dos transitórios obtidos para a ligação dos filtros harmónicos na configuração IIIrd mostrou que os valores unitários das amplitudes de pico da tensão do reator do filtro excedem significativamente os valores unitários das amplitudes de pico da tensão do condensador do filtro. Além disso, ao energizar os filtros individuais ou todos os filtros da topologia FC1, observaram-se maiores amplitudes de pico das tensões transitórias no caso da sintonização fina dos filtros.

3.3.2. Circuito de filtro de comutação 2 ramos de filtro

Os resultados das amplitudes de pico das correntes e tensões transitórias nos ramos do filtro instalados na configuração FC2, sob energização do filtro de harmónicas, são apresentados respetivamente nas Tabelas 3.22, 3.23 e 3.24. Nesse caso, a energização do filtro de harmónicas do tipo C, em comparação com a ligação do filtro LC, caracteriza-se por uma menor amplitude de pico da corrente transitória e por um amortecimento significativamente mais rápido das oscilações transitórias. Este efeito é causado pela inclusão da resistência de amortecimento do filtro RT no FC.

Tabela 3.22. Amplitudes de corrente transitória de pico em FC2 sob energização do filtro harmónico

Afinação			Afinação da conceção				Afinação fina			
Classificação de TS, MVA			80		160		80		160	
Amplitude do pico de corrente	Configuração FC2		I	II	I	II	I	II	I	II
	F2	kA	0.40	0.89	0.40	0.85	0.43	0.92	0.43	0.87
		p.u. (*)	1.97	4.38	1.97	4.18	2.11	4.52	2.11	4.28
	Configuração FC2		II		II		II		II	
	F3	kA	3.42		3.69		3.38		3.71	
		p.u. (*)	3.84		4.14		3.80		4.17	
	F5	kA	2.03		2.14		1.93		1.97	
		p.u. (*)	3.32		3.50		3.16		3.22	

(*) valor de base - corrente nominal do filtro

Tabela 3.23. Amplitudes das tensões transitórias de pico nos bancos de condensadores em FC2 sob a energização do filtro de harmónicas

Afinação			Afinação da conceção				Afinação fina			
Classificação de TS, MVA			80		160		80		160	
Amplitude do pico de tensão	Configuração FC2		I	II	I	II	I	II	I	II
	F2	kV	36.22	60.92	36.18	58.12	34.58	61.45	34.44	58.75
		p.u. (*)	1.58	2.66	1.56	2.53	1.51	2.68	1.50	2.56
	Configuração FC2		II		II		II		II	
	F3	kV	45.32		45.20		41.62		42.66	
		p.u. (*)	2.42		2.40		2.22		2.28	
	F5	kV	41.15		39.33		41.25		39.79	
		p.u. (*)	2.40		2.29		2.41		2.32	

(*) valor de base - tensões nominais de filtragem para bancos de condensadores

Tabela 3.24. Amplitudes de tensão transitória de pico nos reactores em FC2 sob energização do filtro de harmónicas

Afinação			Afinação da conceção				Afinação fina			
Classificação de TS, MVA			80		160		80		160	
Amplitude do pico de tensão	Configuração FC2		I	II	I	II	I	II	I	II
	F2	kV	18.29	39.91	18.23	38.94	16.29	37.60	16.18	37.36
		p.u. (*)	2.76	6.02	2.75	5.87	2.46	5.67	2.44	5.63
	Configuração FC2		II		II		II		II	
	F3	kV	16.44		18.14		14.80		16.63	
		p.u. (*)	6.84		7.55		6.16		6.92	
	F5	kV	6.72		7.26		6.03		6.70	
		p.u. (*)	8.51		9.19		7.63		8.48	

(*) valor de base - tensões nominais de filtro para reactores

A Figura 3.11 mostra as variações transitórias das correntes e tensões através de 2 elementos de filtro de harmónicas[nd] para afinação do projeto, sob comutação para o transformador do sistema de 80 MVA. Além disso, a comutação dos múltiplos ramos do filtro sintonizados para frequências de ressonância exactas *ou* para o transformador do sistema de maior capacidade, leva a um aumento das amplitudes de pico [15].

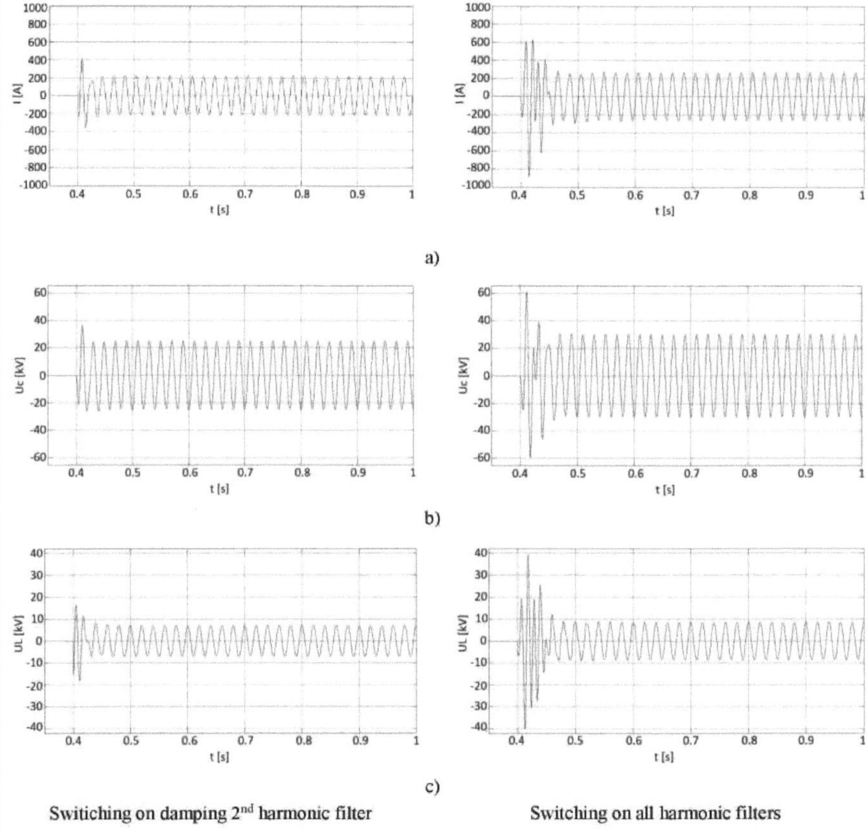

Figura 3.11. Correntes transitórias (a) e tensões através de 2nd condensador de filtro harmónico (b) e reator (c) sintonizado para *hr* =1,86

Uma análise geral demonstrou que as amplitudes de pico das correntes e tensões transitórias nos reactores e condensadores nas topologias FC1 e FC2, devido à ligação dos filtros, são caracterizadas por valores mais elevados e que os transitórios nestes circuitos têm uma duração mais longa do que quando o transformador de arco é ligado. O resultado não pode ser generalizado para aplicação a outros sistemas, mas apenas utilizado para determinar a tensão eléctrica nos componentes do filtro devido a transitórios de comutação no sistema analisado. Em outros casos, podemos esperar relações completamente diferentes entre os valores dos transitórios [15].

3.4 Transientes durante a desativação dos filtros

3.4.1. Descrição do fenómeno

Em muitas aplicações, os filtros são frequentemente comutados (numa base diária ou com base em requisitos de desempenho). Como consequência, a comutação do FC provoca sobretensões transitórias nos componentes individuais do filtro que excedem a tensão no barramento.

A oscilação transitória entre os filtros ligeiramente amortecidos pode também ser muito maior do que o esperado. Os para-raios tradicionais ligados ao barramento podem ser uma proteção inadequada contra sobretensões, uma vez que os componentes do filtro estão sujeitos a tensões adicionais. Certas operações de comutação também podem apresentar condições de sobretensão potencialmente perigosas, não apenas para os filtros, mas para outros equipamentos da subestação, como disjuntores e transformadores. Como se sabe por experiência [10], [34], [35], os transientes de comutação em alguns sistemas de energia industriais, incluindo FCs, podem resultar em danos nos seus componentes e disjuntores. Foi referido em [35] que as sobretensões transitórias causadas por falhas no sistema ou por operações de comutação normais estão bem documentadas e são tidas em conta na conceção de dispositivos adequados de proteção contra sobretensões, mas a aplicação de SVCs pode aumentar o potencial de sobretensões excessivas. Como foi registado em ensaios de campo e simulações [36], quanto maior for o conteúdo harmónico na corrente de desligamento do filtro, maior será a tensão residual do filtro após a interrupção.

Este capítulo apresenta estudos sobre a desativação do filtro que contém uma grande parte de uma corrente harmónica. O estudo foi realizado com um sistema típico de alimentação de um forno de arco que contém um conjunto de filtros de harmónicas sintonizados individualmente. Os estudos mostraram que o conteúdo de harmónicas na corrente do FC provoca o aumento da tensão de recuperação entre os contactos do disjuntor e da tensão residual no FC. O aumento do conteúdo harmónico da corrente de interrupção tende a aumentar as magnitudes das sobretensões e afecta a possibilidade de reativação do disjuntor.

Como foi demonstrado em capítulos anteriores, a ligação de filtros estrela não aterrados no sistema de energia investigado resulta em magnitudes de sobretensão transitórias próximas de 1,5...2,1 p.u. no barramento da subestação.

No entanto, em geral, as sobretensões associadas à energização de filtros normais no sistema apresentado não são perigosas para o equipamento de filtragem e não põem normalmente em perigo o equipamento da subestação no local do barramento. As correntes de pico nos filtros são algumas vezes superiores aos níveis de estado estacionário. A energização de um filtro gera ondas de tensão frontal acentuadas no reator do filtro que podem resultar em sobretensões locais elevadas ao longo do comprimento do enrolamento do reator. Como consequência deste fenómeno, devem ser tomadas medidas adequadas para evitar a falha dieléctrica do isolamento do reator.

Se, durante a desativação do filtro, houver uma interrupção bem sucedida da corrente do condensador na passagem por zero e o dispositivo de comutação suportar a tensão transitória de recuperação, não há transitórios significativos na desativação de um filtro. A ocorrência de reignições durante a abertura dos pólos do disjuntor tende a causar condições adversas de tensão transitória de recuperação.

3.4.2. Modelação da desativação do filtro

Para investigar as sobretensões transitórias de desligamento, cada tensão da fonte u_A, u_B, u_C foi ajustada como um conjunto de tensões de frequência do sistema e de frequência harmónica para modelar o conteúdo harmónico necessário na corrente de interrupção. O disjuntor Q no circuito equivalente foi modelado pela caraterística típica de tensão-segundo do disjuntor de ar para desligar as correntes de carga. A onda distorcida da corrente para cada fase foi interrompida ao atravessar o zero, pelo que, após a primeira fase interrompida, a interrupção da corrente na segunda e terceira fases ocorre simultaneamente no sistema apresentado.

Por exemplo, a figura 3.12 mostra as tensões e a corrente quando o disjuntor interrompe as correntes do filtro de 2nd (sem presença de harmónicas) após um e dois restabelecimentos. Como se observou, a restrição do disjuntor de comutação sob correntes de interrupção produz magnitudes de sobretensão suficientemente mais elevadas em comparação com a ausência de restrição do disjuntor.

As tensões transitórias incluem oscilações de acordo com a frequência natural do sistema. A aplicação de um circuito de amortecimento R-C adicional ligado ao barramento permite limitar a magnitude e a taxa de subida da tensão de recuperação transitória através dos contactos do disjuntor de abertura.

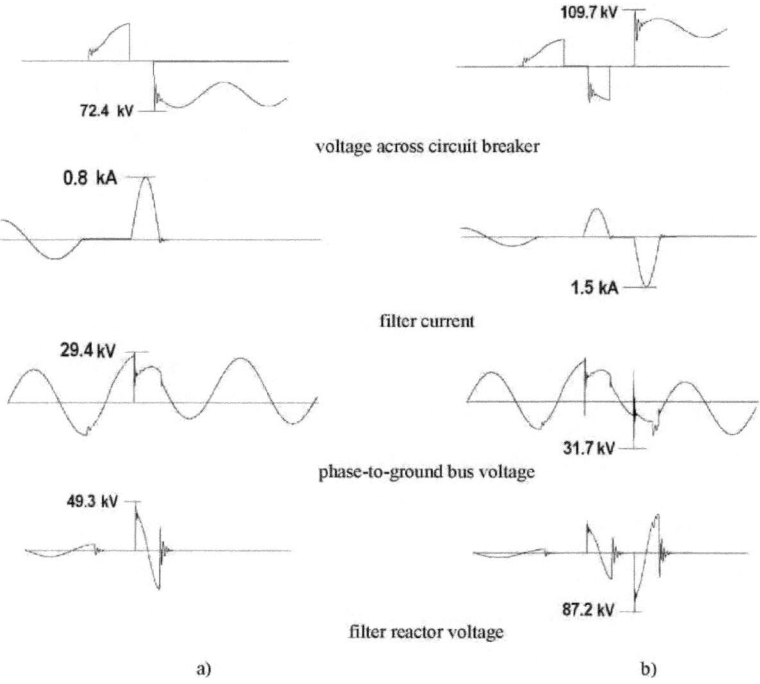

Figura 3.12. Tensões e corrente para a fase A (interrompida como a primeira) sob um (a) e dois (b) 2nd restrições do disjuntor-filtro

Como se pode observar nos oscilogramas, o reacendimento da corrente entre os contactos do disjuntor produzirá tensões e correntes transitórias de magnitude significativamente mais elevada do que as que ocorrem durante o fecho. Uma vez que podem ocorrer reacendimentos, quando existe uma carga remanescente no banco de condensadores do filtro, é possível que os reacendimentos gerem sobretensões transitórias de magnitude muito superior à do fecho. As tensões transitórias num filtro e as tensões de recuperação através de um dispositivo de comutação podem ser reduzidas durante as restrições através da instalação de para-raios no lado do filtro do dispositivo de comutação.

Os para-raios ligados fase-terra limitam a tensão de recuperação, mas não limitam necessariamente a tensão retida nos condensadores do filtro durante as restrições. Os para-raios são por vezes ligados da fase ao neutro para limitar as tensões retidas a níveis mais baixos, reduzindo assim a tensão de recuperação do comutador e minimizando a possibilidade de múltiplas restrições [37].

3.4.3. Análise do impacto harmónico

Se o disjuntor for aplicado a um CF com uma grande quantidade de harmónicas, o comportamento das tensões transitórias será diferente do descrito acima. Como foi referido anteriormente, o conteúdo harmónico na corrente de interrupção influenciará o comportamento transitório. Este caso pode ser observado no sistema de alimentação analisado. Um FEA gera correntes harmónicas significativas que fluem nos FCs do SVC. As correntes harmónicas variam aleatoriamente durante o ciclo de funcionamento do FEA. As magnitudes das correntes harmónicas individuais podem atingir valores suficientes. Durante o funcionamento do FAE, é possível que um ramo específico do filtro esteja fora de serviço. Nestas circunstâncias, os filtros em serviço serão sobrecarregados devido a possíveis ressonâncias no sistema de alimentação. Isto provoca a ativação da proteção contra sobrecarga do filtro e a sua desativação. Como exemplo, consideremos as tensões sob 2nd desligamento do disjuntor do filtro mostrado na Figura 3.13.

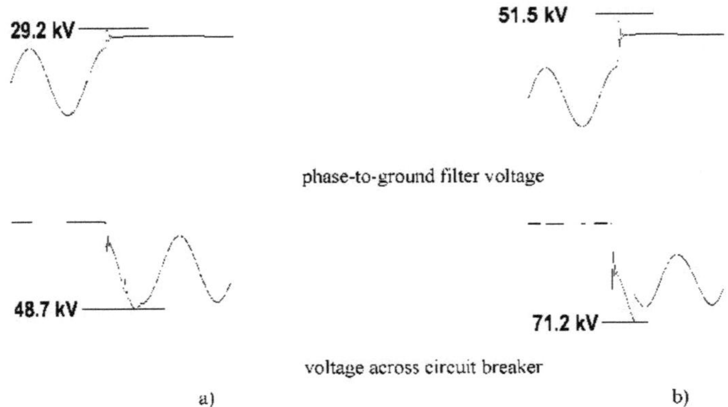

Figura 3.13. Tensões para 2nd filtro disjuntor desligado sem restrikes: a) sem presença de segunda harmónica, b) segunda harmónica é igual à fundamental

A energização do transformador do forno de arco no sistema de abastecimento do FEA é uma perturbação harmónica poderosa. No sistema de abastecimento examinado, a energização do transformador do forno de arco ocorre várias vezes por dia. Quando o transformador é energizado, a corrente de arranque pode ser elevada em magnitude. A corrente de arranque do transformador, que consiste num elevado conteúdo de harmónicas, pode ser de longa duração (durar vários segundos). O conteúdo harmónico provoca ressonância no FC, o que prolonga a duração do transitório de inrush e da ressonância. A ressonância no filtro pode provocar um funcionamento indesejável do relé do filtro. Assim, o disjuntor do CF será desligado com uma presença elevada de harmónicas, aumentando a possibilidade de sobretensões. Se a corrente interrompida contiver uma componente harmónica, a tensão máxima de recuperação entre os contactos do disjuntor FC aumenta, dando origem à possibilidade de restrição.

Quando comparada com a interrupção da corrente sem componente harmónica, a presença de corrente harmónica também resultará em maiores magnitudes de sobretensão. A figura 3.14 mostra as tensões residuais em 2 fases do filtrond versus o conteúdo harmónico nas correntes interrompidas (a fase *A* é a primeira a ser interrompida). A tensão de base é o valor de crista da tensão nominal fase-terra.

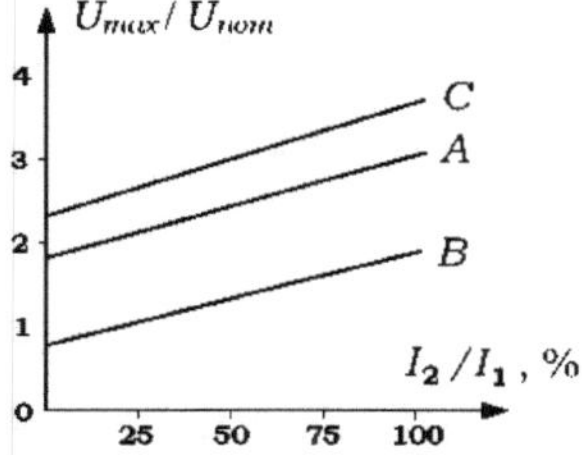

Figura 3.14. Tensões de fase residuais em 2nd filtro vs 2nd conteúdo harmónico

Foi efectuado um exame minucioso das magnitudes das sobretensões durante a reativação da corrente do disjuntor através de uma simulação. A magnitude da sobretensão depende da ordem do filtro de comutação e da mudança de fase da corrente harmónica. Como foi observado nas experiências, o aumento mais perigoso da magnitude da sobretensão em função da harmónica ocorre para o filtro 2nd .

Consideremos o comportamento transitório durante a restrição entre os contactos de um disjuntor FC. A figura 3.15 mostra as tensões transitórias durante a reignição de uma corrente de disjuntor FC de 2nd .

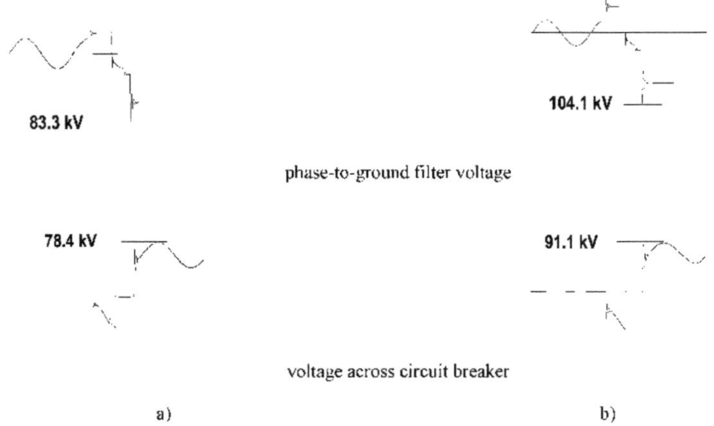

Figura 3.15. Tensões para 2nd disjuntor-filtro que se desliga durante o restabelecimento: a) sem presença de segunda harmónica, b) segunda harmónica igual à fundamental

A investigação seguinte é a análise das condições em que ocorrem as magnitudes máximas de sobretensão. Se a restrição ocorrer na tensão máxima de recuperação, os grandes picos são produzidos noutras fases. Em determinadas circunstâncias, as sobretensões transitórias de pico podem exceder a tensão de impulso suportável para o isolamento da substância. Os valores máximos das magnitudes das tensões transitórias nos filtros sob restrição são indicados na tabela 3.25.

Tabela 3.25. Sobretensões máximas do filtro em caso de restrição

Conteúdo harmónico, %	Ordem de filtragem		
	F2	F3	F5
0	5.08	4.51	4.28
25	5.34	4.63	4.32
50	5.71	4.82	4.39
100	6.38	5.18	4.56

Nota: A base é o valor de crista da tensão fase-terra

Como se pode observar na Tabela 3.25, os picos de restabelecimento dependem da ordem do filtro e do valor da corrente harmónica. Quando comparado com o filtro de desligamento sem componente harmónica, verifica-se que a presença de harmónicas resulta não só numa tensão de recuperação mais elevada na primeira fase interrompida, mas também em tensões residuais mais elevadas nas segunda e terceira fases interrompidas. Uma vez que as magnitudes das sobretensões durante o rearranque do disjuntor são elevadas, é necessário avaliar a sua relação com as tensões de impulso suportáveis. Por conseguinte, se for observado o corte do disjuntor FC, deve ser avaliada a possibilidade de instalar os dispositivos de proteção contra sobretensões.

Um caso especial de transitórios que deve ser considerado no sistema de energia examinado é a análise do fenómeno sob a energização do transformador do forno de arco. Como já foi referido, as correntes de inrush contêm uma gama completa de harmónicos para além dos seus componentes fundamentais e dc. Além disso, o fenómeno de inrush pode durar muitos ciclos e ativar os relés de sobretensão e sobrecarga do SVC FC, provocando o disparo de um disjuntor de filtro em condições de inrush. Assim, devem ser implementados estudos de coordenação da proteção para manter a SVC em serviço durante as condições normais e transitórias.

Uma análise geral mostra que a presença de conteúdo harmónico na corrente do filtro de interrupção aumenta tanto as tensões de recuperação através dos contactos do disjuntor como a tensão residual do filtro. Quanto maior for o conteúdo harmónico, mais elevadas serão as magnitudes da tensão e maior será a possibilidade de ocorrência de arco voltaico entre os contactos do disjuntor.

Devem ser feitas considerações especiais para os sistemas de alimentação de fornos de arco devido à possível presença de grandes magnitudes harmónicas nos CF e à necessidade de evitar o mau funcionamento da proteção do filtro.

4. Impacto dos transientes na conceção do circuito do filtro de potência

Em aplicações industriais, cujas configurações e parâmetros eléctricos requerem múltiplos CF, alguns dos tipos de eventos de comutação causam sobretensões e sobrecorrentes transitórias e dinâmicas nas unidades de CF instaladas [38], [39]. Em condições normais de funcionamento em estado estacionário, os reactores e condensadores dos CF são caracterizados pelos valores das tensões e correntes nominais. A seleção adequada da tensão nominal de isolamento é formal, mas o valor adotado é geralmente igual ou, por vezes, superior à tensão nominal do sistema de alimentação, onde o compensador está instalado. Dependendo da rede eléctrica e da procura de filtragem de harmónicas e de compensação de potência reactiva, existem valores típicos de temperatura admissíveis e máximos dos reactores de filtragem de harmónicas e das baterias de condensadores, devido às operações de comutação. Um fator adicional é a definição dos requisitos específicos relacionados com as condições ambientais, onde estas aplicações FC serão operadas [40]. São principalmente especificados para:

- local de instalação, ou seja, como o compensador é fabricado: interior ou exterior,
- altitude máxima, ou seja: um compensador de tipo normal é concebido para uma altitude máxima de 1000 metros,
- condições ambientais em que as unidades de compensação serão operadas, ou seja: condições de ventilação adequadas para o seu arrefecimento correto, níveis de poluição, temperatura ambiente (média, máxima, mínima), etc.

4.1. Classificações do circuito de filtro múltiplo sintonizado simples

4.1.1. Critérios típicos de classificação de reactores de filtragem e baterias de condensadores

As classificações dos componentes para as unidades FC do compensador de derivação baseiam-se em estados estáveis e incluem todos os critérios de tensões e correntes das normas ANSI/IEEE existentes. A prática comum no projeto de filtros de núcleo de ar utiliza os seguintes valores [1]:

- Valor da tensão RMS através do reator para condições de funcionamento em estado estacionário. Representa as tensões admissíveis através do isolamento do reator do filtro de núcleo de ar.

$$U_R = \sqrt{\sum_{h=1}^{\infty} U_h^2} \quad (4.1)$$

- Valor da corrente RMS no reator do filtro em condições de estado estacionário. Representa as correntes admissíveis no reator do filtro com núcleo de ar.

$$I_R = \sqrt{\sum_{h=1}^{\infty} I_h^2} \quad (4.2)$$

- Curto-circuito simétrico RMS no reator de filtragem em condições de estado estacionário. Representa a sobrecarga admissível do reator-filtro de núcleo de ar devido a curto-circuitos em unidades FC.

$$I_{SC} = \frac{U_{LL}}{X_L \cdot \sqrt{3}} \quad (4.3)$$

onde:

U_{LL} - tensão RMS linha a linha de funcionamento no barramento do sistema de alimentação,

X_L - reactância do filtro na frequência fundamental.

Devido à seleção dos bancos de condensadores de filtragem, o projetista deve prestar atenção à sua sensibilidade à má qualidade da energia e ao elevado número de níveis de harmónicas no sistema de energia. Por conseguinte, a seleção adequada das capacitâncias de filtragem deve estar em conformidade com as normas relevantes, que estão relacionadas com os componentes individuais e incluem:

- condensadores de derivação, IEEE Std. 18-2002,
- rede de alimentação eléctrica, IEEE Std. 519-2004,
- bancos de condensadores de filtro de unidades FC, IEEE Std. 1531-2003

De acordo com as normas e requisitos para condensadores de derivação, são determinados os seguintes valores de projeto:

- Valor da tensão RMS através dos bancos de condensadores do filtro para condições de estado estacionário. Representa as tensões admissíveis através do isolamento do condensador do filtro.

$$U_C \geq \sum_{h-1}^{\infty} U_h \tag{4.4}$$

- Valor da corrente RMS nos bancos de condensadores do filtro em condições de estado estacionário. Representa as correntes admissíveis no condensador do filtro.

$$I_C = \sqrt{\sum_{h=1}^{\infty} I_h^2} \tag{4.5}$$

Em condições de funcionamento em estado estacionário, as baterias de condensadores de filtragem são descritas pela chamada potência reactiva operacional para a harmónica geral de tensão. Este valor é calculado para a tensão de alimentação nominal gerada na rede eléctrica e depende da capacitância de cada ramo da bateria:

$$Q_C = 2 \cdot \pi \cdot f \cdot C \cdot U_{nom}^2 \tag{4.6}$$

onde:

Qc - potência reactiva do banco de condensadores do filtro,

Unom - tensão nominal do banco de condensadores do filtro, *f* - frequência do sistema de energia,

C - capacitância do banco de condensadores do filtro.

4.2. Os transientes afectam os critérios de classificação

4.2.1. Seleção dos valores nominais do reator do filtro de núcleo de ar de fita seca

Os filtros-reactores instalados nas unidades FCs são concebidos para operações de comutação transitórias e fornecem o nível necessário de distorção de tensões no sistema de alimentação [38]. Cada um destes componentes é selecionado tendo em conta as normas admissíveis e as tolerâncias exigidas, o que inclui as amplitudes dos picos de corrente e tensão relevantes [41]. As seguintes informações são necessárias para projetar corretamente um reator filtrante de núcleo de ar para aplicações padrão - tensão máxima e nominal do sistema, - tolerância admissível da indutância causada pelas condições ambientais, - corrente fundamental e espetro harmónico no barramento, - nível de curto-circuito do sistema de energia,

- nível de isolamento dos enrolamentos do reator,
- dimensões do reator e sua instalação,
- condições ambientais, tais como: poluição, temperatura ambiente, etc.

Os dados específicos necessários para a seleção do reator de núcleo de ar com filtro são indicados no quadro I do apêndice.

Os critérios de seleção do isolamento dos enrolamentos do reator de filtragem dependem das amplitudes dos picos transitórios de corrente no sistema de energia e conduzem a um elevado nível de forças electrodinâmicas nas unidades FC. Além disso, as amplitudes dos picos de tensão provocam a degradação do isolamento do reator, o que acaba por resultar na sua avaria total. O isolamento do reator de filtragem deve ser capaz de suportar tanto o tempo de duração das transitórias como o número de ocorrências de comutação por dia ou por ano. Caso contrário, a longa duração das sobretensões transitórias de comutação pode levar à degradação parcial da superfície de isolamento [41]. Assim, são implementadas camadas de isolamento adicionais e utilizando bobinas com enrolamentos mais longos na estrutura do reator-filtro, é possível operá-los em condições de picos de tensão e sobretensões transitórias elevadas [41], [42].

Os curtos-circuitos nos sistemas de energia, os harmónicos de corrente e as sobrecorrentes dinâmicas nos reactores de filtragem também contribuem para as forças mecânicas entre os enrolamentos nas unidades FC. Para além do elevado nível de temperatura ambiente de isolamento, os factores acima referidos podem levar a interações de força entre os enrolamentos de cada reator e, consequentemente, à sua falha nas ligações frontais, contribuindo para falhas mecânicas mais rápidas dos elementos.

Simultaneamente, como se pode verificar na investigação experimental, os filtros-reactores devem ser selecionados para suportar os efeitos cíclicos das amplitudes dos picos de corrente e tensão, cujo número de ocorrências depende estritamente das condições transitórias e do tipo de eventos de comutação. Na tabela 4.1 são apresentadas as probabilidades de ocorrência de fenómenos transitórios típicos em sistemas de potência, que se caracterizam por elevados curtos-circuitos nos barramentos.

Tabela 4.1. Operações de comutação, factores e o correspondente número típico de transientes

Estado do sistema	Número de transientes por ano
Sobretensão dinâmica (Energização do transformador)	1000 - 30000
Transiente de energização do banco	10 - 1000
Restrição transitória	< 10

A temperatura ambiente elevada ao longo do ano e os níveis de poluição provocam o aumento da temperatura de isolamento dos enrolamentos do reator e criam condições desejáveis para a ocorrência de descargas que, consequentemente, podem contribuir para o aparecimento de ramos de defeito FC. O aumento da humidade e dos níveis de poluição, como as poeiras industriais, conduzem a frequentes requeimadas e impulsos no isolamento do reator que o podem degradar mais rapidamente.

4.1.2. Seleção das classificações dos bancos de condensadores de filtragem

Os bancos de condensadores de filtragem são utilizados num elevado número de eventos transitórios e de comutação [38], [43], [44], [45], [46]. Os dados específicos necessários para a sua seleção são apresentados no Apêndice, Tabela II.

Os critérios de classificação do isolamento dos bancos de condensadores de filtragem dependem estritamente das amplitudes máximas e da duração das tensões transitórias [43], [47] que são geradas nos sistemas eléctricos. Estes eventos podem levar a falhas no isolamento interno dos condensadores. Um aumento da tensão RMS acima dos valores nominais provoca uma ação mais rápida das protecções dos condensadores de filtragem. Além disso, o aumento das amplitudes de pico da tensão sob o número significativo de transientes por ano resulta numa vida útil mais curta dos bancos de condensadores de filtragem em unidades de CF.

É razoável esperar que uma unidade de condensadores resista a correntes transitórias inerentes ao funcionamento dos sistemas eléctricos. Estas incluem correntes elevadas e pouco frequentes de relâmpagos e correntes de descarga para falhas próximas.

O número frequente de eventos de comutação por dia para uma bateria de condensadores de filtragem, que se caracteriza pela corrente nominal I_{nC}, pode levar à redução da corrente de pico máxima admissível através do condensador em condições transitórias. A amplitude da corrente de pico da bateria de condensadores de filtragem deve ser mantida a um valor inferior, como indicado na Figura 4.1 (a corrente da bateria de condensadores é a corrente da unidade de condensador vezes o número de unidades de condensador em paralelo). Outros equipamentos, tais como fusíveis, disjuntores e circuitos de proteção e controlo, podem exigir a limitação a uma corrente de pico inferior.

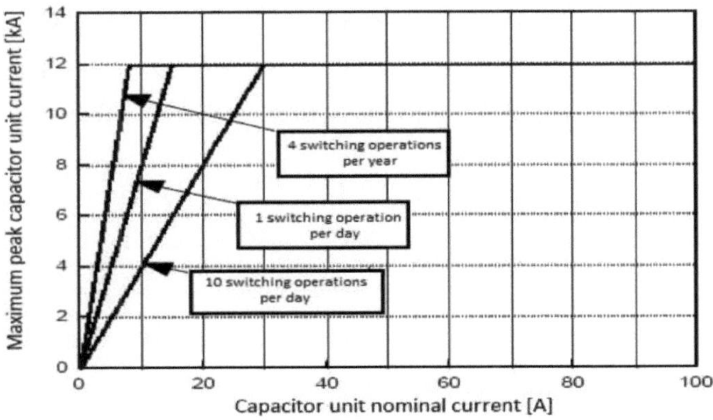

Figura 4.1. Capacidade de corrente transitória das unidades de condensadores para transientes que ocorrem regularmente

Ao projetar as baterias de condensadores de filtragem no sistema de alimentação analisado, assume-se que a probabilidade de operações de comutação, que causam as oscilações transitórias em FC, é entre 4 e 4000 vezes por ano [45], [47], [48]. A Tabela 4.2 mostra os factores múltiplos para as tensões RMS admissíveis na bateria de condensadores, dependendo da duração da sobretensão da frequência de alimentação, e os factores múltiplos para os picos máximos admissíveis de tensão transitória, dependendo do número de eventos transitórios que podem ocorrer por ano. Note-se que a tensão calculada a partir do fator de multiplicação é RMS para as sobretensões de frequência de potência e de pico para as sobretensões transitórias.

Tabela 4.2. Factores de sobretensão máxima admissível para bancos de condensadores de filtragem

Frequência de potência Sobretensão		Sobretensão transitória	
Duração	Fator múltiplo para a tensão RMS máxima admissível*	Número de transientes por ano	Fator múltiplo para transientes máximos admissíveis
6 ciclos	2.20	4	5.0
15 ciclos	2.00	40	4.0
1 segundo	1.70	400	3.4
15 segundos	1.40	4000	2.9
1 minuto	1.30	-	-
30 minutos	1.25	-	-

(*) Fator a aplicar à tensão RMS nominal do condensador

Como se pode ver na Tabela 4.2, o aumento do número de transientes na CAF exige margens de isolamento mais elevadas para as baterias de condensadores selecionadas com o mesmo nível de sobretensões.

4.2.3. Especificação de componentes de filtros para transientes

Os factores importantes que têm influência nas unidades FC em estados transitórios são: um curto-circuito no barramento, que é determinado principalmente pela capacidade dos transformadores de potência instalados no sistema de alimentação e também pela topologia das FC. A probabilidade de danos no reator de filtragem ou nas baterias de condensadores aumenta com o número e a duração das oscilações transitórias no sistema de energia. Assim, tendo em conta a ordem correta de comutação no sistema com várias unidades FC, é necessário especificar a seleção dos seus componentes com base em condições de estado estacionário e transitórias. De acordo com investigação concluída [49], [50], é possível verificar que os parâmetros calculados para os estados estacionários não são suficientes para garantir o funcionamento sem falhas dos CF nos sistemas eléctricos. Assim, a determinação das potências nominais dos filtros de harmónicas é efectuada com base nas normas ANSI/IEEE existentes para bancos de condensadores de filtros e reactores de núcleo de ar [41], [44], [45], [47].

Apresenta-se em seguida um método que ilustra o efeito da seleção transitória de comutação nas baterias de condensadores e nos reactores de núcleo de ar das unidades FC. Baseia-se em cálculos de correntes e tensões RMS, que são equivalentes aos seus valores de pico em condições transitórias repetitivas. O método apresentado requer o cálculo dos seguintes valores:

- Tensão RMS através do reator para condições de funcionamento transitório, que é a soma da raiz quadrada das quedas de tensão harmónicas. Representa as tensões admissíveis através do isolamento do reator do filtro de núcleo de ar e inclui a repetibilidade dos transientes para alguns dos tipos de estados de funcionamento.

$$U_R = \frac{U_{pk}}{a \cdot \sqrt{2}} \tag{4.7}$$

- Curto-circuito simétrico RMS no reator de filtro em condições transitórias. Representa a corrente de sobrecarga admissível no reator de filtro com núcleo de ar e inclui a repetibilidade dos transientes para alguns tipos de eventos de comutação.

$$I_{SC} = b \cdot \frac{I_{pk}}{\sqrt{2}} \tag{4.8}$$

- Tensão RMS através dos bancos de condensadores para condições de funcionamento transitório, que é a soma da raiz quadrada das quedas de tensão harmónicas. Representa as tensões admissíveis através do isolamento dos bancos de condensadores do filtro e inclui a repetibilidade dos transientes para alguns tipos de operações de comutação.

$$U_C = \frac{U_{pk}}{d \cdot \sqrt{2}} \tag{4.9}$$

onde:

U_{pk} , I_{pk} - amplitudes de pico de tensão e corrente relativamente transitórias,

a, b, d - valores dos factores de redução da tensão para um funcionamento típico de comutação (ver Quadro 1.1).

À semelhança dos estados estacionários, em condições transitórias estes valores determinam a potência das baterias de condensadores de filtragem, que caracterizam a estrutura e a conceção dos condensadores utilizados:

$$S_C = 3 \cdot U_C \cdot I_C \tag{4.10}$$

onde:

UC, IC - Tensão e corrente RMS para a bateria de condensadores do filtro.

4.3. Valores nominais da topologia do circuito de filtragem 1

Os valores médios das harmónicas geradas nas aplicações AC-EAF e SVC em estado estacionário são utilizados para o projeto dos filtros de harmónicas analisados. Na Tabela 4.3 são apresentados os valores médios das correntes harmónicas para a unidade de forno de arco examinada e para os ramos do FC.

Tabela 4.3. Valores médios das correntes harmónicas no sistema de alimentação do forno de arco CA

Número harmónico	*Ih* (Amperes RMS)
	A
2.0	104.98
3.0	459.99
5.0	314.92

Os casos específicos de transitórios incluídos no procedimento de seleção são a energização do transformador, a ligação de um ou vários ramos do filtro, a restrição durante a desativação dos filtros [8]. Cada um destes estados de funcionamento é caracterizado por um fator multiplicador para as sobrecorrentes e sobretensões nos reactores e condensadores que funcionam em condições transitórias.

Na Tabela 4.4 são apresentadas as amplitudes de tensão e de corrente com valores unitários para 2 componentes do filtro de harmónicas[nd] , obtidas nos circuitos de compensação examinados devido a: energização do transformador de arco e dos filtros de harmónicas e devido ao desligamento de um FC em todas as condições de comutação discutidas. Os valores apresentados foram realizados para valores de tolerância aceites e admissíveis das indutâncias das reactâncias dos filtros e das capacitâncias dos bancos de condensadores dos filtros.

Tabela 4.4. Sobreintensidades e sobretensões transitórias para 2nd filtro de harmónicas, obtidas no sistema de energia da EAF examinado

Parâmetros das FCs	Corrente do filtro		Tensões			
			Bancos de condensadores		Reator de núcleo de ar	
Operações de comutação	kA	p.u. (*)	kV	p.u. (**)	kV	p.u. (***)
Energização do transformador, circuito A	0.49	2.41	40.83	1.78	28.98	4.37
Energização do transformador, circuito B	0.25	1.35	25.83	1.13	12.97	1.96
Ligação dos filtros, circuito A	0.61	3.00	48.63	2.12	30.40	4.58
Ligação dos filtros, circuito B	0.40	1.97	36.22	1.58	18.29	2.76
Ligação dos filtros, circuito A - caso 1	0.63	3.07	55.00	2.40	33.38	5.03
Ligação dos filtros, circuito A - caso 2	0.86	4.23	66.78	2.91	54.01	8.14
Ligação dos filtros, circuito A - caso 3	0.59	2.90	43.97	1.92	27.22	4.10
Ligação dos filtros, circuito B - caso 1	0.46	2.26	41.18	1.79	22.14	3.34
Ligação dos filtros, circuito B - caso 2	0.63	3.10	47.08	2.02	32.72	4.93
Ligação dos filtros, circuito B - caso 3	0.49	2.41	35.46	1.55	20.90	3.15
Desligamento dos filtros - impacto dos harmónicos	0.00	0.00	50.01	2.17	17.64	2.65
Desligamento dos filtros - impacto da restrição	0.00	0.00	63.95	2.79	40.17	6.06

(*) valor de base - corrente nominal do filtro,

(**) valor de base - tensões nominais do filtro para bancos de condensadores,(***) valor de base - tensões nominais do filtro para reactores de núcleo de ar.

Referindo-se a análises gerais [3], [7], [8], [10], [15], [31], [50], pode-se ver que um caso especial de eventos de comutação é a energização do transformador instalado no sistema de potência [7]. Durante a energização de um transformador de arco, a amplitude da corrente de inrush é elevada e o conteúdo harmónico pode excitar ressonâncias que prolongam a duração dos transitórios (chegando a durar vários segundos). Este evento resulta em tensões através dos componentes individuais do filtro que excedem a tensão no barramento. Assim, com um número de energização do transformador de arco entre 20 e 40 vezes por dia [7], [38], este estado de funcionamento causa um sério risco para os CF instalados em sistemas de energia.

Tendo em conta o elevado número de eventos por dia e os factores dinâmicos de corrente e tensão, assume-se que a energização do transformador de arco é classificada como o estado de funcionamento transitório mais perigoso e crítico no sistema de alimentação. Assim, a seleção dos componentes do CF no sistema de alimentação do forno de arco examinado foi realizada exatamente para esse tipo de condições. Com base nas equações para o cálculo dos parâmetros do CF em condições nominais de estado estacionário (Secção 4.1.1) e transitórias (Secção 4.2.3) - são obtidos filtros para as topologias do CF, Figura 3.1a e Figura 3.1b.

4.3.1. Reator de filtro de núcleo de ar de tipo seco

A classificação do reator de núcleo de ar para a topologia FC1 com filtros harmónicos sintonizados simples, tendo em conta as condições de estado estacionário e transitório, é apresentada na Tabela 4.5.

Tabela 4.5. Parâmetros de projeto dos reactores de topologia FC1 (indicados a negrito)

Classificação de TS, MVA		80			160		
Filtro	Condição de funcionamento	I_R	I_{sc}	U^*_R	I_R	I_{sc}	U^*_R
		kA	kA	kV	kA	kA	kV
F2	Estado estacionário	0.17	0.39	1.11	0.17	0.39	1.11
	Transitório	**0.17**	**3.71**	**41.95**	**0.17**	**3.86**	**43.06**
F3	Estado estacionário	**0.74**	**5.57**	1.57	**0.74**	**5.57**	1.57
	Transitório	0.74	5.07	**6.63**	0.74	4.75	**6.59**
F5	Estado estacionário	**0.50**	**11.44**	0.89	**0.50**	**11.44**	0.89
	Transitório	0.50	5.26	**4.10**	0.50	4.69	**3.51**

(*) valores de fase

Como se pode ver, a análise demonstrou que os parâmetros de seleção do reator de filtragem da topologia FC1, que envolveu vários filtros harmónicos de sintonização única, baseados em condições de estado estacionário não são suficientes para garantir o funcionamento fiável do FC.

Os valores determinados dos bancos de condensadores do filtro em relação aos estados estacionários e às condições transitórias são apresentados na Tabela 4.6.

A análise das classificações dos bancos de condensadores do filtro confirma que a contabilização das condições de estado estacionário de forma semelhante à seleção do reator de núcleo de ar do filtro não é suficiente para garantir operações fiáveis das unidades FC no sistema de energia.

Tabela 4.6. Parâmetros de projeto das baterias de condensadores da topologia FC1 (indicados a negrito)

Classificação de TS, MVA		80			160		
Filtro	Condição de funcionamento	U^*_c	I_c	S_c	U^*_c	I_c	S_c
		kV	kA	MVA	kV	kA	MVA
F2	Estado estacionário	21.12	0.17	10.77	21.12	0.17	10.77
	Transitório	**30.71**	**0.17**	**15.66**	**31.36**	**0.17**	**15.99**
F3	Estado estacionário	**17.58**	**0.74**	**39.03**	**17.58**	**0.74**	**39.03**
	Transitório	9.47	0.74	21.02	9.84	0.74	21.85
F5	Estado estacionário	**12.90**	**0.50**	**19.35**	**12.90**	**0.50**	**19.35**
	Transitório	8.97	0.50	13.45	7.29	0.50	10.93

(*) valores de fase

Nos quadros 4.5 e 4.6, a negrito, são indicados os parâmetros de projeto dos reactores de filtro FC1 e das baterias de condensadores, respetivamente. Estes valores têm de ser selecionados para um funcionamento fiável dos FCs no sistema examinado. Por conseguinte, as tensões U_R^*, U_C^* e as correntes I_R e I_c - indicadas a negrito - são os valores nominais dos CF. No caso dos reactores com núcleo de ar, o valor da corrente nominal de curto-circuito I_{sc} também tem de ser tido em conta no procedimento de projeto.

4.4. Valores nominais da topologia do circuito de filtragem 2

À semelhança da configuração FC1, são calculados os valores nominais dos reactores e condensadores para a configuração FC2.

4.3.2. Reator de filtro de núcleo de ar de tipo seco

Os valores calculados dos reactores com núcleo de ar para a topologia FC2 com 2nd filtro harmónico amortecido em condições de estado estacionário e transitório são apresentados na Tabela 4.7.

Tabela 4.7. Parâmetros de projeto dos reactores de topologia FC2 (indicados a negrito)

Classificação de TS, MVA		80			160		
Filtro	Condição de funcionamento	I_R	I_{sc}	U^*_R	I_R	I_{sc}	U^*_R
		kA	kA	kV	kA	kA	kV
F2	Estado estacionário	0.17	0.48	1.11	0.17	0.48	1.11
	Transitório	**0.17**	**1.63**	**16.79**	**0.17**	**1.38**	**13.98**
F3	Estado estacionário	0.74	5.57	1.57	**0.74**	**5.57**	1.57
	Transitório	**0.74**	**5.58**	**5.70**	0.74	4.96	**5.29**
F5	Estado estacionário	**0.50**	**11.44**	0.89	**0.50**	**11.44**	0.89
	Transitório	0.50	4.33	**3.97**	0.50	3.65	**3.51**

(*) valores de fase

A análise das potências nominais dos reactores dos filtros para a topologia FC2, que inclui 2nd filtros de harmónicas amortecidos, confirma que, à semelhança da topologia FC1, a seleção do reator do núcleo de ar do filtro com base em condições de estado estacionário não é suficiente para garantir o funcionamento fiável da FC. Os valores obtidos indicam que é necessário calcular os filtros para as unidades FC2 também com base nas condições transitórias.

4.3.3. Banco de condensadores de filtro

A classificação dos bancos de condensadores para a topologia FC2 com 2nd filtro tipo C, tendo em conta o estado estacionário e as condições transitórias, é apresentada na Tabela 4.8.

Com base nos dados da tabela, é óbvio que os parâmetros de conceção das baterias de condensadores FC2 têm de ser selecionados a partir de condições de funcionamento em estado estacionário, mas tal é demonstrado por comparação com os resultados dos cálculos em condições transientes.

Tabela 4.8. Parâmetros de projeto das baterias de condensadores da topologia FC2 (indicados a negrito)

Classificação de TS, MVA	80	160

Filtro	Condição de funcionamento	U^*_c	I_c	S_c	U^*_c	I_c	S_c
		kV	kA	MVA	kV	kA	MVA
F2	Estado estacionário	**21.12**	**0.17**	**10.77**	**21.12**	**0.17**	**10.77**
	Transitório	13.11	0.17	6.69	11.60	0.17	5.92
F3	Estado estacionário	**17.58**	**0.74**	**39.03**	**17.58**	**0.74**	**39.03**
	Transitório	10.09	0.74	22.40	9.79	0.74	21.73
F5	Estado estacionário	**12.90**	**0.50**	**19.35**	**12.90**	**0.50**	**19.35**
	Transitório	8.04	0.50	12.06	7.78	0.50	11.67

(*) valores de fase

5. Conclusões

A experiência operacional mostra que os fenómenos transitórios nos CF de potência durante várias comutações tecnológicas em sistemas de alimentação industrial podem levar a falhas nos filtros ou à degradação do seu isolamento. Por conseguinte, a conceção dos CF tem de ter em conta as caraterísticas dos fenómenos transitórios causados pela comutação do equipamento do sistema de alimentação eléctrica.

O estudo apresentado analisa os fenómenos transitórios em FCs causados por eventos de comutação típicos em sistemas de alimentação industrial. As principais razões que têm impacto nos fenómenos transitórios foram analisadas no estudo. As razões são a topologia do CAF, a sintonização dos filtros e a capacidade de curto-circuito do sistema de alimentação, a utilização do filtro de amortecimento no CAF. Foi escolhido como objeto de estudo um sistema de alimentação eléctrica de um FEA que incluía um SVC do tipo TCR-FC.

A energização do transformador EAF é a comutação frequentemente repetitiva no sistema de alimentação que tem um impacto significativo nos transitórios FC e na sua duração. Outra razão para os transitórios no CF no sistema de alimentação é a comutação dos filtros. É apresentada uma comparação dos transitórios de comutação nos circuitos de duas topologias de filtragem, a primeira topologia é baseada em múltiplos filtros simples sintonizados e a segunda - baseada em múltiplos filtros que incluem 2nd filtros harmónicos do tipo C.

Uma análise geral mostrou que no sistema de alimentação examinado, incluindo filtros múltiplos com amortecimento de 2nd harmónicas do tipo C, se pode observar uma diminuição significativa das amplitudes das tensões e das correntes transitórias de pico nos reactores FC e nas baterias de condensadores, em comparação com o sistema em que foram incluídos apenas filtros múltiplos de sintonia simples. Ao mesmo tempo, no sistema com filtro de amortecimento de 2nd harmónicas do tipo C, observa-se uma menor duração dos transitórios.

A configuração dos filtros individuais no CF em eventos de comutação tem um impacto significativo nas suas amplitudes de pico de tensão e corrente transitórias, bem como no decaimento dos transitórios. A comutação de todos os filtros do CF provoca picos de tensão e de corrente mais elevados nos reactores e condensadores do filtro, em comparação com a comutação de um filtro individual.

Os resultados da investigação mostraram que a capacidade de curto-circuito no barramento do sistema e a precisão da sintonização dos filtros têm impacto no comportamento em transitórios de filtragem.

O resultado do estudo confirma que a seleção das potências nominais dos FC deve ter em conta não só o seu funcionamento em estado estacionário, mas também os possíveis transientes que ocorrem no sistema de alimentação eléctrica.

Apêndice:

Tabela I. Especificação técnica dos componentes do filtro de núcleo de ar devido aos parâmetros de classificação [29], [41]

A. Filtros-reactores para aplicações normais			
- Tensão máxima do sistema:	kV		
Tensão nominal do sistema:	kV		
- Indutância nominal:	mH		
Tolerância:	%		
- Classificação atual fundamental:	A		
- Correntes harmónicas, (Hz/A):	A		
Corrente de curta duração (simétrica RMS, segundos):	kA, seg.		
Fator de qualidade Q : Hz (ou gama)	ºC de referência)		
- Tensão máxima contínua para a terra:	kV		
- Nível de resistência a impulsos de relâmpagos (BIL)			
Através do reator:	kV (valor de pico)		
Para a terra:	kV (valor de pico)		
- Montagem - lado a lado ou três bobinas empilhadas			
- Interior ou exterior:			
- Torneiras:	%		
- Número de torneiras:			
B. Filtros-reactores para aplicações especiais			
- Forno de arco Aplicação:	Sim/Não		
- Número de eventos de comutação por ano:	N.º/ano		
Corrente de sobrecarga de curto prazo			
Corrente transitória (valor máximo, duração, número de ciclos)	kA		
Constante de tempo T das perdas de corrente transitórias	s		
Corrente dinâmica (valor máximo, duração)	kA		
Constante de tempo T das perdas de corrente dinâmicas transitórias	s		
- Sobretensão dinâmica (duração em ms)	kV		
- Constante de tempo da sobretensão dinâmica	s		
Classificações transitórias:	kA	kV	Eventos por ano
- Transiente de energização do filtro			
- Energização do transformador			
- Iniciação da falha			
- Eliminação de falhas			
- Condições de reativação			
* *Nota: Deve ser fornecida uma estimativa da duração ou, de preferência, as formas de onda reais para cada condição*			
C. Condições ambientais			

- Sísmica	g
Níveis de poluição: salina, industrial, etc.	
- Temperatura ambiente:	
Média anual:	ºC
Máximo anual:	ºC
Mínimo anual:	ºC

Tabela II. Especificação técnica dos componentes dos bancos de condensadores de filtragem devido aos parâmetros de classificação [30],[47], [45]

A. Bancos de condensadores de filtro para aplicações standard	
- Tensão máxima do sistema:	kV
- Frequência nominal:	Hz
- Frequência sintonizada do filtro:	Hz
- Capacitância nominal:	µF
- Potência reactiva nominal:	MVAr
- Corrente fundamental contínua máxima:	A
- Corrente harmónica contínua máxima em cada frequência:	Hz
B. Bancos de condensadores de filtro para aplicações especiais	
- Transiente máximo de energização do filtro:	kV
- Energização do transformador:	kV
- Início da falha:	kV
- Limpeza de avarias:	kV
- Restrições Condições:	kV
* *Nota: Deve ser fornecida uma estimativa da duração ou, de preferência, as formas de onda reais para cada condição*	
C. Condições ambientais	
- Sísmica	g
Níveis de poluição: salina, industrial, etc.	
- Temperatura ambiente:	
Média anual:	ºC
Máximo anual:	ºC
Mínimo anual:	ºC

Bibliografia:

[1] A. Sawicki, Zagadnienia energetyczne wybranych Lirzadzen elektrycznych systemów Stalowniczych, Politechnika Częstochowska, Częstochowa 2010.

[2] S. Wcislik, Elektrotechnika pieców Iukowych prachi przemiennego - zagadnienia wybrane, Politechnika Swiętokrzyska, Kielce 2011.

[3] J. Warecki, Amortecimento de transientes em sistemas de alimentação eléctrica compensados. Proc. da VI Sc. Conf. "Electrical power networks-SIECI 2008" Polónia, Szklarska Porçba, 10-12 de setembro de 2008. P.397-404.

[4] www.ABB.com/FACTS SVC a chave para uma melhor economia do forno de arco.

[5] ANSI C57.16-1958, Requirements, terminology and tests codes for dry-type air-core series connected reactors, Nova Iorque, IEEE, 1958.

[6] IEEE Std 18-1992, IEEE Standard for Shunt Power Capacitors, Nova Iorque, IEEE, 1993.

[7] J. Warecki, M. Gajdzica, Analiza procesów zacliodzacycli podczas zalaczania transformatora pieca Iukowego zasilanego z ukladu z filtrami wyzszych harmonicznych, Poznań University of Technology Academic Journals. Engenharia eléctrica, Zeszyty Naukowe Politechniki Poznańskiej. Elektryka. - 2014 no.79, s. 279-287.

[8] F. Dudley Richard, L. Fellers Clay, Special Design Considerations for Filter Banks in Arc Furnace Installations, IEEE Transactions on industry applications, vol. 33, no.1, janeiro/fevereiro de 1997.

[9] M. A. Kruczinin, A. Sawicki , Piece i Lirzadzeeiia lukowe, seria Monografienr 74, Wydawnictwo Politechniki Częstochowskiej, Częstochowa 2010.

[10] J.A. Bonner, W.M Hurst, R.G. Rocamora, R.F. Dudley, M.R. Sharp, J.A. Twiss, Selecting Ratings For Capacitors And Reactors In Applications Involving Multiple Single-Tuned Filters, IEEE Transactions on Power Delivery, vol.10, No.1, Jan. 1995,

pp. 547-555.

[11] S. Arya, B. Bhalja, Simulation of Steel Melting Furnace in MATLAB and its effect on power Quality problems, Conferência Nacional sobre Tendências Recentes em Engenharia e Tecnologia, 13-14 de maio de 2011.

[12] Norma de projeto de engenharia, Orientações de planeamento para cargas perturbadoras, UK Power Networks, EDS 08 - 0132, Versão: 3.0, 2016. *https://library.ukpowernetworks.co.uk/library/en/g81/Design_and _Planning/Planning_and_Design/Documents/EDS+08-0132+Planning+Guidance+for+Disturbing+Loads.pdf.*

[13] Z. Hanzelka, Podstawowe wymagania w zakresie jakosci energii elektrycznej oraz mozliwosci ich spelnienia, Wplyw jakosci zasilania na koszty energii elektrycznej (Sympozjum) Lubin 2004, s. 4 - 25.

[14] K. Matyjasek, Filtry pasywne, ELMA energia, Olsztyn.

[15] J. Warecki, M. Gajdzica, Praktyka doboru filtrów harmonicznych dla ukladów zasilania pieców lukowych, Poznań University of Technology Academic Journals Electrical Engineering, Elektryka - 2015 no. 84, Poznan, s. 45 - 53.

[16] Makram Elam B., Subramaniam E. V., Girgis Adly A., Harmonic filter design using atual recorded data, Conference Paper, IEEE 1992, no. 92 B2, pp. B2 - 1 - B2 - 7.

[17] Lin Kun-Ping, Lin Ming - hoon, Lin Tung - Ping, An advanced computer code for single - tuned harmonic filter design, IEEE Transactions on industry applications, vol. 34, no. 4, julho/agosto de 1998, pp. 640 - 648.

[18] Guia de Aplicação da Qualidade da Energia - Acionamento de Velocidade Ajustável, *www. bchydro.com.*

[19] R. Klempka, A. Stankiewicz, Modelowanie i symulacja ukladów dynamicznych. Wybrane zagadnienia w Matlabie, Uczelniane Wydawnictwa Naukowo - Dydaktyczne, Kraków 2006.

[20] A. Nikolic, I. Stevanovic, Power quality measurement analysis of the electrostatic precipitator, XIX IMEKO World Congress Fundamental and Applied Metrology, September 6 - 11, Lisbon 2009, Portugal, p. 509-513.

[21] Biblioteka SimPowerSystem programu Matlab/Simulink, ver. 3, 2012.

[22] E. Jezierski, Transformatory, WNT, Warszawa, 1983.

[23] S. Dzierzbicki, Wvlaczniki wysokonapięciowe pradu przemiennego, Wydawnictwo Naukowo - Techniczne, Warszawa 1966.

[24] Charles H. Flurscheim, Power circuit breaker theory and design, IEE Monograph series 17, 2001.

[25] M. Noroozian, Modelling of SVC power system studies, ABB Power Systems AB Reactive Power Compensation Division Vasteras, Suécia, abril de 1996.

[26] G. Vishwakarma, N. Saxena, Melhoria do perfil de tensão usando capacitor fixo - reator controlado por tiristor (FC - TCR), International Journal of Electrical, Electronics and Computer Engineering 2 (2): 18 - 22 (2013).

[27] M. Pasko, A. Lange, Kompensacja mocy biernej i filtracja wyzszych harmonicznych za pomocq filtrów biernych LC, Przeglqd Elektrotechniczny nr 4, 2010, s. 126 - 129.

[28] Abou - Safe A., Kettleborough G., Modelling and calculating the inrush currents in power transformers, Damascus Univ., Journal vol. (21) - no. (1) 2005.

[29] ANSI C57.16-1958, Requirements, terminology and tests codes for dry - type air-core series connected reactors, Nova Iorque, IEEE, 1993.

[30] IEEE Std 18-1992, Standard for shunt power capacitors, Nova Iorque, IEEE, 2002.

[31] J. Warecki, M. Gajdzica, Zalqczanie transformatora pieca Iukowego w sieci z ukladem filtrów wyzszych harmonicznych, Przeglqd Elektrotechniczny nr 4, 2015, s. 64 - 69.

[32] Turner Ryan A., Smith S. Kenneth, Transformer inrush currents, harmonic

analysis in interconnected systems, revista IEEE industry applications, setembro/outubro de 2010.

[33] J. Warecki, M. Gajdzica, Transientes de longa duração em FCs de potência, Aplicações informáticas em engenharia eléctrica, vol. 12, Politechnika Poznańska 2014, s. 324 - 333.

[34] Harder T.E. Aplicação de para-raios de filtro AC. *IEEE Trans. on Power Delivery*, vol.11, no.3, 1996, pp. 1355-1360.

[35] Um grupo de trabalho do Subcomité de Proteção de Subestações do Comité de Relés de Sistemas de Energia do IEEE: Proteção do compensador VAR estático. *IEEE Trans. on Power Delivery*, vol.10, no.3, 1995, pp. 1224-1233.

[36] Nishikawa H., Yokokura K., Masuda S. et al. Fenómenos de interrupção de corrente harmónica em FCs de fornos de arco: *IEEE Trans. on PAS*, vol.103, no.10, 1984, pp. 3000-3006.

[37] Grupo de Trabalho 3.4.17 do Comité de Dispositivos de Proteção contra Sobretensões do IEEE: Impacto dos bancos de condensadores shunt no ambiente de sobretensão da subestação e aplicações de para-raios. *IEEE Trans. on Power Delivery*, vol.11, no.4, 1996, pp. 1798-1807.

[38] IEEE Standard 519 - 1992, Recommended practices and requirements for harmonic control in electrical power systems, IEEE, 1992.

[39] Das J. C., Analysis and control of large - shunt - capacitor - bank switching transients, IEEE Transactions on Industry Applications, vol. 41, no. 6, novembro/dezembro de 2005, pp. 1444 - 1451.

[40] A. Au, J. Maksymiuk, Materialy Cwiczeniowe do wykladu z aparatów elektrycznych, Wydawnictwo Politechniki Warszawskiej, Warszawa 1966.

[41] IEEE Std. P57.16/d7 - 2010, Draft standard requirements, terminology, and test code for dry - type air - core series - connected reactors, Nova Iorque, IEEE, 2010.

[42] M. Lukiewski, Dlawiki w ukladach filtrów wyzszych harmonicznych, Maszyny

elektryczne wrzesień 2001, s. 52 - 54.

[43] J. F. Witte, F. P. Cesaro, S. R. Mendys, Damping long term overvoltages on industrial capacitor banks due to transformer energization inrush currents, IEEE Transactions on industry applications, vol. 30, no. 4, julho/agosto de 1994, pp .1107 - 1115.

[44] IEEE Std. 1031 TM - 2011, Guide for the functional specification of transmission static var compensators, Nova Iorque, IEEE, 2011.

[45] IEEE Std. 1036 TM - 2010, Guia para aplicação de condensadores de potência em derivação, Nova Iorque, IEEE, 2011

[46] IEEE Std. C37.012TM - 2014, Guia para a aplicação de comutação de corrente de capacitância para disjuntores de alta tensão AC acima de 1000 V, Nova Iorque, IEEE, 2014.

[47] IEEE Std. 18-2012, Norma para condensadores de potência em derivação, Nova Iorque, IEEE, 2013

[48] S. Grzybowski, A. Kordus, C. Królikowski, S. Seidel S, J. Zeydler - Zborowski, Kondensatory w energetyce, Wydawnictwa Naukowo- Techniczne, Warszawa 1969.

[49] J. Warecki, Z. Hanzelka, R. Klempka, Transformer energization impact on the filter performance, 8th International Conference on Electrical Power Quality and Utilisation, setembro de 2005, Cracóvia, Polónia.

[50] J. Warecki, M. Gajdzica, Impacto dos transientes no dimensionamento do FC de potência, Aplicações informáticas em engenharia eléctrica, vol. 13, Politechnika Poznańska, 2015, pp. 111 - 119.

Printed by Books on Demand GmbH, Norderstedt / Germany